Boa constrictor

Hubert Bosch

19 Farbabbildungen
31 Schwarzweißabbildungen
und Zeichnungen

Terrarien Bibliothek
Heselhaus und Schmidt Verlag

Titelbild: Boa constrictor imperator (H. Bosch)
Foto S. 5: Boa constrictor imperator (R. Heselhaus)

ISBN: 3-9801853-5-4

Satz und Druck: Thiekötter Druck GmbH, Münster

Vorwort

„Über *Boa constrictor* so etwas wie eine Monographie zu schreiben, sei zwar längst überfällig und sehr verdienstvoll. Es grenze aber ans Utopische, dies auf dem kleinen Raum dieser doch relativ schlank bemessenen Vorgabe wagen zu wollen. Du ahnst nicht, auf was Du Dich da eingelassen hast!" – So belehrte mich ein guter Freund und versierter Riesenschlangenkenner, als er von meinem Vorhaben erfuhr. Ich ahnte es wirklich nicht und konnte die Weisheit, in die seine Worte eingebettet waren, zunächst nicht erkennen.

Boa constrictor muß doch in den Griff zu bekommen sein! Schließlich ist diese Schlangenform ja schon lange in jeder guten Reptiliensammlung vertreten und genießt einen im Vergleich zu anderen Reptilien geradezu phänomenalen Bekanntheitsgrad. Man braucht doch nur die Literatur etwas zu durchforsten und eigene Erfahrungen und Untersuchungen mit einzubringen, dann sollte es doch klappen!?

Beim intensiven Literaturstudium wurde dann aber sehr schnell offenbar, daß eine gespenstische Diskrepanz besteht zwischen der Allgegenwart dieser Schlangen in Zoos, den Angebotslisten von Tierhändlern, bei privaten Haltern oder in den Medien (z. B. auf Werbeplakaten oder in Werbespots, in Spielfilmen etc.) und dem, was als **gesichertes** Wissen über *Boa constrictor* gelten kann und auf das man sich seriöserweise berufen könnte. Es war sehr viel mehr Vorarbeit erforderlich als ursprünglich auch nur zu ahnen war.

Gezüchtet wird *Boa constrictor* regelmäßig. Wenn man aber nach den jeweiligen Hintergründen des Zuchterfolges fragt, kommt oft nicht mehr als der „Gehilfe Zufall" zu Tage und viele „Nachzuchterfolge" gelangen ohne besonderes Zutun, manchmal sogar unter gegensätzlichen Ausgangsbedingungen.

Sucht man für die verschiedenen Abgottschlangen nach brauchbaren Bestimmungstabellen, trifft man auf ein Chaos von Widersprüchen und ein Wirrwarr von den jeweils anerkannten systematischen Einheiten. Es ist derzeit mit den vorhandenen Bestimmungshilfen nicht möglich, *Boa*-Schlangen, deren geographische Herkunft nicht bekannt ist, immer zweifelsfrei den bechriebenen Taxa zuzuordnen. Bei den einzelnen „Boaspezialisten" ist deshalb beim Ansprechen von Einzeltieren unbekannter Provenienz neben dem unbestrittenen Sachverstand auch immer ein gehöriger Schuß „Intuition" von Nöten, um zum Ziel zu kommen. Doch diese ist nun mal kein objektiver, von jedem nachvollziehbarer Maßstab. Erschwerend kommt hinzu, daß die Mitglieder von *Boa constrictor* in einer ungewöhnlichen Variabilität in Färbung und Zeichnungsmuster auftreten. Es gibt keine zwei Tiere, die übereinstimmen. Selbst Wurfgeschwister differieren manchmal so erheblich, daß man sie verschiedenen Taxa zuordnen möchte. Zudem sind in Gefangenschaftsnachzuchten (unwissentlich) häufig Elterntiere verschiedener geographischer Herkunft, und damit möglicherweise unterschiedlicher taxonomischer Zugehörigkeit, verpaart worden. Die „Bastarde" überschwemmten den Liebhabermarkt und haben in weiteren „unkontrollierten" Verpaarungen Anlaß zu nicht mehr entwirrbaren Mischformen gegeben.

Daneben kann man noch viele andere Ursachen für den „desolaten" taxonomischen Zustand von *Boa constrictor* verantwortlich machen. Im riesigen Verbreitungsgebiet der Abgottschlangen erfolgten bis heute immer nur sporadische, eher zufällige Aufsammlungen. Die nachfolgenden ungleichwertigen Beschreibungen des Sammlungsmaterials, die leider oftmals nicht auf den bereits vorhandenen Erkenntnissen aufbauten, konnten noch kein vollständiges Bild im „*Boa*-Puzzle" entstehen lassen. Bis in die Gegenwart werden „neue" Boas entdeckt und beschrieben, andere bekannte Einheiten nach einem undurchsichtig erscheinenden Verfahren in die Synonymie verbannt.

Trivialnamen des Tierhandels (z. B. „Rotschwanzboas" u. a.) sind ohne wissenschaftliche Relevanz und tragen nur zur weiteren Verwirrung bei.

Boa constrictor schreit deshalb geradezu nach einer fundamentalen Revision unter Zuhilfenahme des in den Museen weit verstreuten Typus- und sonstigen Belegmaterials sowie einer vergleichenden Bearbeitung der diversen beschriebenen Taxa. Diese „Lebensaufgabe" konnte jedoch nicht das Ziel dieser kleinen Monographie sein!

Was der geneigte Leser (und Kritiker) vorfindet, ist ein hoffentlich tragfähiger und interessanter Kompromiß zwischen dem Erwarteten und dem in diesem Rahmen Machbaren. Einzelne Bereiche allgemeiner Natur, die mancher Leser gerne ausführlicher abgehandelt hätte (und die bereits in anderen Publikationen angemessen beschrieben sind, wie die Haltungsbedingungen etc.) mußten – im Interesse des Ganzen, nämlich den aktuellen Wissensstand über *Boa constrictor* zu referieren – ganz bewußt kurz gehalten werden.

Ratingen-Homberg, im September 1993
Dr. Hubert Bosch

1. Einführung *Boa constrictor* – Menschenfressendes Monster oder nützlicher Menschenfreund?

„Es gibt Schlangen, die sind dumm. Sie verschlingen Hirsche, egal, wie groß diese sind, und fangen sie, indem sie im hohen Gras oder Dickicht liegen und ihnen auflauern. Durch das Einatmen ziehen sie die Hirsche mit einer solchen Kraft an, daß diese vor dem Rachen der Schlange nicht mehr flüchten können (Gott hat den Schlangen diese Herrschaft nicht über den Menschen gegeben). Wenn sie die Hirsche durch ihr gewaltiges Luftansaugen zu Boden gerissen haben, umschlingen sie den Körper, erdrücken diesen, um ihn anschließend zu belecken und mit Speichel zu benetzen, da anders sie den Hirsch nicht verschlingen könnten, besitzt er doch ein rauhes Fell. So hergerichtet verschlucken sie den Hirsch von den Beinen bis zum Kopf. Dieser aber paßt wegen seines Geweihs nicht in den Rachen der Schlange und muß deshalb so lange mit herumgeführt werden, bis er faul wird und abfällt. Gott gab ihnen diese Art zu jagen, denn auf eine andere Weise könnten sie sich nicht ernähren, da sie so dumm sind."

Diese Schilderung aus dem Jahre 1626 von dem Chronisten FRAY PEDRO SIMON[1] über *Boa constrictor,* die Abgott- oder Königsschlange, provoziert bei uns „aufgeklärten" Menschen ein wissendes Lächeln. Leider hat sie andererseits selbst heute noch eine traurige Aktualität. Im 17. Jahrhundert wußte man es noch nicht besser. Naturbeschreibungen dieser Zeit gerieten gerne ins Mystische und Irrationale. Doch trotz der nimmermüden Aufklärung in den Medien halten sich selbst am Ende des 20. Jahrhunderts über Schlangen immer noch solche aus der wirren Welt ungezügelter bestialischer Phantasien entsprungene Vorurteile. In vielen Abenteuerromanen, Dschungelfilmen, aber auch ernsthaft daherkommenden Expeditions- und Reiseberichten wurden und werden immer noch Schreckensvisionen über diese „Gruseltiere" kolportiert und beiläufig suggeriert, daß diese Bestien in heimtückischer Weise dem Menschen auflauern. Neben anderen Großschlangen muß besonders häufig *Boa constrictor* für den Schauer herhalten und „den Schurken spielen", der offenbar zum Gedeihen der Szene erforderlich ist.

Die Abgottschlange ist auch durch diese „Rolle" im Bewußtsein vieler Menschen neben der Anakonda *(Eunectes murinus)* die wahrscheinlich bekannteste Riesenschlange. Für viele scheint die Abgottschlange sogar ein Synonym für Riesenschlange schlechthin zu sein. Und das, obwohl alle Boas im Kreise der wirklichen Riesen unter den Schlangen, also den Netzpythons *(Python reticulatus)* und Anakondas *(Eunectes murinus),* für die Längen von über 10 m berichtet werden, zu den kleineren Vertretern gehören und meist nur eine Länge von zwei bis drei Metern erreichen. Diese Monographie wird den aktuellen Wissensstand über *Boa constrictor* darlegen, dabei auch aufzeigen, daß Abgottschlangen beileibe keine monströsen dumpfen Geschöpfe sind, die blutrünstig und dumm durch den

---

[1] niedergelegt in den „Noticias Historales de las Conquistas de Tierra Firme en las Indias Occidentales" und in dem 1989 von LANCINI & KORNACKER herausgebrachten Buch „Die Schlangen von Venezuela" – in deutscher Übersetzung erschienen.

Bis weit in das 20. Jahrhundert hinein wurden Riesenschlangen als blutrünstige Monster beschrieben und wie die Abgottschlange in diesem Stich aus Brehms Tierleben realitätsfremd dargestellt.

Dschungel schleichen oder sich heimtückisch aus Bäumen auf ihre Opfer – schon gar nicht den Menschen – werfen, um diese krachend zu zermalmen. Abgottschlangen führen in Wirklichkeit ein sensibles, heimliches Leben, meist im Schutze der Dämmerung oder der Nacht, perfekt in ihren Lebensraum eingepaßt und mit Hochleistungssinnesorganen für das „Sehen" von Wärme oder das Riechen von Molekülen ausgerüstet, für die der Mensch kein Äquivalent zu bieten hat! Sie werden von den Menschen in ihrem Verbreitungsgebiet gern in ihrer Nähe geduldet, geschätzt als Ratten- und Mäusevertilger, von den Indianern verehrt und von den Reptilienliebhabern als eine der schönsten Schlangenarten bewundert und begehrt.

Boa constrictor ist mit Abstand die am häufigsten in Menschenobhut gepflegte Riesenschlange und durch ihre meist kontrastreiche Zeichnung eine Attraktion in jeder Terrarienanlage. Es wundert deshalb, daß über diese so populäre Schlange immer noch so große Wissenslücken bestehen. Nicht einmal ihre intimsten systematischen Verhältnisse (nur eine Art mit vielen Unterarten oder mehrere Spezies) und ihre Beziehungen zu ihren nächsten Verwandten sind bisher widerspruchsfrei geklärt.

2. Die Riesenschlange *Boa constrictor* – ihr reales verwandtschaftliches Umfeld in der Überfamilie der *Booidea* GRAY (ex Boidae)

Besteht zwischen den als ursprünglich angesehenen Schlangenformen eine engere Verwandtschaft? Von den Natternverwandten *(Colubridae)* oder den giftigen Vipern *(Viperidae)*, beide als hochentwickelte moderne Schlangengruppierungen angesehen, heben sich die Riesenschlangen durch eine Vielzahl als urtümlich gewerteter Merkmale ab. So besitzen sie u. a. noch Rudimente der Beckenknochen und der Hinterbeine – als sog. Aftersporne oder Aftersporen, vor allem im männlichen Geschlecht zu beiden Seiten der Kloakenöffnung sichtbar – sowie noch zwei funktionstüchtige Lungenhälften, die einen direkten Bezug zu den angenommenen quadripeden Vorfahren herstellen. Im bisherigen Schrifttum wird die Gruppe der Riesen- oder Würgeschlangen – wegen dieser erhalten gebliebenen Merkmale ihrer gemeinsamen (?) vierfüßigen Ahnenform – nicht nur als eine primitiv eingestufte Schlangengemeinschaft, sondern in der Regel auch „nur" als eine Familie *Boidae* geführt. Zu dieser Familie werden die vier (bei näherer Betrachtung aber recht heterogenen und durchaus nicht näher miteinander verwandten!) Unterfamilien *Loxoceminae* (Spitzkopfpythons), *Pythoninae* (Pythonschlangen), *Boinae* (Boa-Schlangen) und *Bolyeriinae* (Bolyer-Schlangen) gezählt. – Der Autor folgt hier dagegen dem plausibleren Vorschlag von McDOWELL (1987), indem er die aufgrund anatomischer und skelettmorphologischer Unterschiede aufgezeigten Diskrepanzen dieser „Unterfamilien" für bedeutend genug hält, um sie in der taxonomischen Hierarchie in der nun gebotenen Distanz entsprechend zu realisieren (Einzelheiten in McDOWELL, 1987). Lediglich die hier allein als näher miteinander verwandt angesehenen eigentlichen Riesenschlangen, die Python- und Boa-Schlangen, als jeweils eigenständige Familien *Pythonidae* und *Boidae* aufgewertet, werden noch in der nun gemeinsamen Überfamilie *Booidea* vereinigt. Demgegenüber werden die Spitzkopfpythons als eigene Familie *Loxocemidae* abgetrennt und mit den Rollschlangen *(Aniliidae)* und Schildschwänzen *(Uropeltidae)* wiederum in einer gemeinsamen, vorwiegend im Boden grabenden Überfamilie *Anilioidea* vereinigt. Für die vor allem aufgrund schädelanatomischer Merkmale abseits stehenden Bolyerschlangen der Mauritius-Region wird eine eigene Überfamilie *Bolyerioidea* gegründet.

Durch diese den natürlichen Gegebenheiten mehr entsprechende getrennte Klassifizierung der als altertümlich angesehenen Schlangenformen werden die tiergeographischen Diskussionen zukünftig wesentlich entspannter zu führen sein. Die Pythonschlangen wären nur noch in der Alten Welt (Afrika, Asien, Australien) zu finden. Die Boaschlangen hätten ihren Verbreitungsschwerpunkt eindeutig in der Neuen Welt mit einem wahrscheinlich noch sehr alten „Restbestand" in Eurasien und Afrika in Form der anzestralen Sandboas (Unterfamilie *Erycinae*) sowie mit zwei moderneren (?) isolierten Vorkommen in Madagaskar (zwei dort endemische Gattungen: *Acrantophis* und *Sanzinia*) und auf einigen pazifischen Inseln (eine dort endemische Gattung: *Candoia*). – Merkwürdigerweise folgen auch andere sonst rein neuweltliche Reptilienformen ganz anderer Gruppen diesem schwer verständlichen Verbreitungsmuster (Leguane der Gattungen *Oplurus* und *Chalarodon,* mit den südamerikanischen *Tropidurinae* in Verbindung gebracht, sowie die Wasserschildkrötengattung *Podocnemis* auf Madagaskar; Fidji-Leguane der Gattung Brachylophus auf den pazifischen Fidji-Inseln).

Die jeweilige Vertreterrolle der beiden Riesenschlangengruppen wird dabei gerade auf Madagaskar besonders offenkundig. Mitten im Reiche der Pythons fehlen auf diesem Inselkontinent – wegen des Vorkommens von *Boidae*-Mitgliedern ? – trotz der räumlichen Nähe der von mehreren Pythonarten besiedelten riesigen afrikanischen Landmasse die Pythonschlangen völlig.

Die Spitzkopfpythons, die vormals wie ein erratischer „Pythonstachel" im Boidengebiet saßen, haben ihre „Tarnung" als angebliche Riesenschlangen aufgegeben und können nun ihre geographische Verbreitung in Mittelamerika als eigenständige Gruppe vertreten.

Die Riesenschlangen (sensu McDOWELL, 1987) bilden aufgrund ihrer anatomischen und skelettmorphologischen Merkmale eine scharf abgegrenzte Gruppierung ohne eindeutige engere Affinitäten zu anderen rezenten Schlangen, schon gar nicht zu den wahrscheinlich ebenfalls altertümlichen Formen, mit denen sie bisher vereinigt waren. Trotz ihrer offenkundigen basalen Merkmale im Körperbau zeigen die *Booidea* andererseits aber auch durchaus als fortschrittlich anzusehende Züge. Die Sicherung der Nachkommenschaft

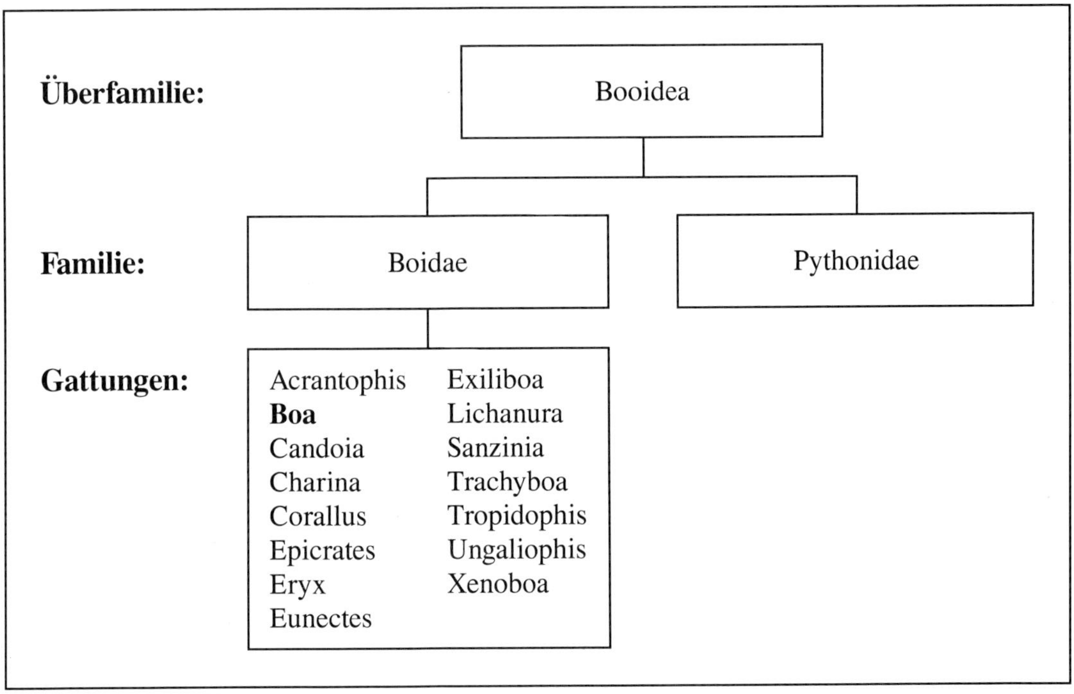

durch das Bebrüten und Bewachen des Geleges bei den *Pythonidae* oder das als noch höher entwickelt einzustufende Absetzen lebender Jungtiere bei den *Boidae* sind als progressive Merkmale zu werten.
Neben zahlreichen Parallelentwicklungen in den beiden Familien *Pythonidae* und *Boidae,* bedingt durch die wechselseitige Vertretung in ihren jeweiligen tiergeographischen Regionen (z. B. äußerlich nahezu identische baumlebende Formen mit dem grünen *Chondropython* aus der Pythongruppe in Neuguinea einerseits, dem ebenfalls grünen *Corallus caninus* aus der Boafamilie in Südamerika andererseits oder den im Boden lebenden grabenden Formen der beiden Familien, die kaum zu unterscheiden sind), sollen hier auch die Differenzen dargestellt werden, die eine Trennung in zwei deutlich separierte Familien rechtfertigen. Es handelt sich hierbei um Unterschiede im Schädelbau, im Schuppenkleid, vor allem aber in der Fortpflanzungsbiologie und -strategie, die eine getrennte Entwicklung bis hin zur systematischen Eigenständigkeit der beiden Riesenschlangengruppen bezeugen:

	Pythonidae	Boidae
Verbreitung	Alte Welt	Neue Welt, Madagaskar, Pazifische Inseln
Supraorbitale (Augenbrauenknochen)	vorhanden	nicht vorhanden
Intermaxillare (Zwischenkiefer)	mit Zähnen	ohne Zähne
Schwanzschilde	doppelt	einfach
Fortpflanzung	ovipar (eierlegend)	ovovivipar (Absetzen lebender Jungtiere)

2.1 Stammesgeschichte – Wie alt sind die Booidea?

Diese Frage ist wegen des äußerst lückenhaften Wissens von der frühen Evolution der Schlangen nicht zu beantworten. Die kreidezeitliche Gattung *Madtsoida,* die man als Riesenschlangen-Ahnenform interpretiert und etwas vorschnell an die Basis des Stammbaumes der *Booidea* gestellt hatte, gab sich bei genauerer Überprüfung als Angehörige einer weit entfernten Schlangengruppierung (aus dem Verwandtschaftskreis der *Cholophidia*) zu erkennen. Damit ist den Riesenschlangen das bisher als sicher geglaubte „Standbein" im Mesozoikum entzogen! – Doch auch ohne diese paläontologischen Zeugnisse können wir für diese Schlangengruppe indirekt erschließen, daß es sich bei ihnen um stammesgeschichtlich alte, „lebende Fossilien" handelt. Allein durch ihre Kombination altertümlicher Merkmale – die den anderen, moderneren Schlangen „bereits" fehlen – kann man ableiten, daß die Riesenschlangen (höchstwahrscheinlich) phylogenetisch alte Schlangenrepräsentanten darstellen, die ihren Ursprung tief im Erdmittelalter haben müssen, auch wenn sie ihre Abstammung (noch) nicht mit fossilen Ahnen aus diesen Zeiten belegen können. Die bisher ältesten Fossilien, auf die sich die Riesenschlangen berufen können, reichen „nur" hinunter ins Alttertiär, wobei die heute am weitesten verbreiteten Sandboas *(Erycinae)* die „besten" Zeugnisse vorweisen und auf ca. 65 Millionen Jahre zurückblicken können (Paleozän in Nordamerika).

Aus dem oberen Eozän Europas ist bereits ein Vertreter der richtigen Boaschlangen – als *Palaeopython* beschrieben – bekannnt, der wegen seines Schädelbaus aber in Wirklichkeit nicht zu den Pythons, sondern zu den Boa-Schlangen hinführt (vergl. McDOWELL, 1987: 29).

Stammesgeschichtlich zählt *Boa constrictor* zu den altertümlichen Schlangenformen. Foto: H. Bosch

3. Die Riesenschlange *Boa constrictor* im Kreise ihrer Familie, den *Boidae* GRAY

Die *Boidae* beinhalten derzeit etwa 15 Gattungen noch ungeklärter Unterfamilienzugehörigkeit. Unter diesen haben vor allem die *Boinae* mit den Boas und die *Erycinae* mit den Sandboas einen größeren Bekanntheitsgrad. Die kleineren grabenden Formen, die kaum einen Meter Körperlänge erreichen und bisher oft nur vom Hörensagen oder lediglich mit einigen Belegexemplaren bekannt geworden sind – wie z. B. die erst 1968 von BOGERT beschriebene, froschfressende Mexikanische Zwergboa *(Exiliboa placata)*, die in Nebelwäldern bis in 2500 m Höhe vorkommt – fallen dabei ebenso aus dem typischen Boiden-Rahmen wie die gigantischen „Wasserboas" Amazoniens, die Anakondas der Gattung *Eunectes*. Alle diese „Nicht-Abgottschlangen" bedürfen einer gesonderten Besprechung und einer dringlichen systematischen Überarbeitung. Hier wird nur auf die typischen Abgottschlangen der Gattung *Boa* aus der Unterfamilie der *Boinae* eingegangen.

4. Charakteristika von *Boa constrictor*

Die gebräuchlichen Namen der Boas (Abgottschlangen oder Abgottboas, Königsschlangen oder Königsboas, Kaiserboas, Emperor Boas u. a. m.) sind begründet in der Verehrung, die diesen Schlangen in den Kulten der Ureinwohner Amerikas und der aus Afrika in die Neue Welt verschleppten Negersklaven zuteil wurde.

4.1 Körperbau, Maße und Gewichte

Abgottschlangen sind kräftig gebaute, im adulten Zustand vorwiegend bodenorientierte Würgeschlangen mit einem muskulösen Körper und einer vom Rumpf nicht deutlich abgesetzten Schwanzregion.

Der flache, am Vorderende „gestutzt" erscheinende Kopf der Boas ist deutlich vom Rumpf abgesetzt (im Gegensatz zu den Anakondas) und trägt auf seiner Oberseite zahlreiche Schuppen ähnlicher Größe. Labialgruben fehlen. Die Nasalia berühren sich nicht, die Nasenöffnungen kommen damit lateral zu liegen (im Gegensatz zu den Anakondas, wo sich die Nasalia berühren und die Nasenöffnungen sowie die Augen in erhöhter Position liegen; eine Anpassung an das Wasserleben).

Die Schuppen auf dem Rücken sind glatt, relativ klein, quadratisch, werden an den Körperseiten tropfenförmig und nehmen zur Ventralseite hin an Größe zu. Bei gesunden Tieren irisieren sie in herrlichen Farben. Die Bauchseite wird bedeckt von einer kontinuierlichen Reihe einheitlicher Bauchschilder, die über die ganze Breitseite reichen.

Die normalen Körpermaße von Abgottboas bewegen sich von einer Geburtsgröße zwischen 30 und 60 cm bis zu einer „Erwachsenenlänge" zwischen zwei und drei Metern.

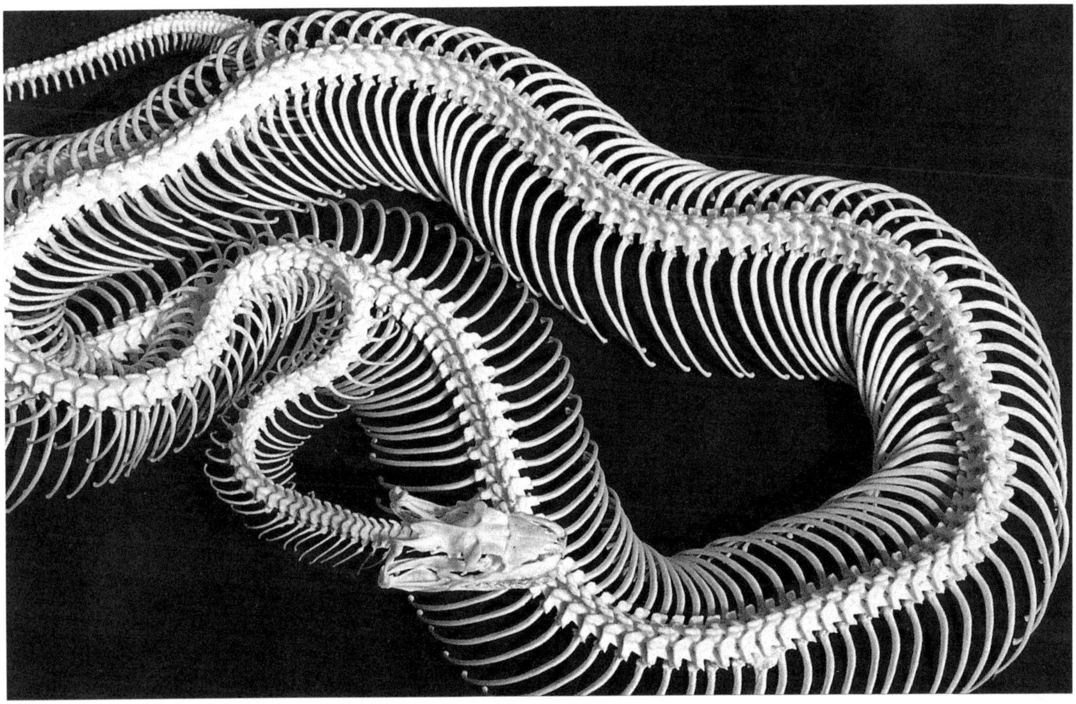

Die Wirbelsäule einer *Boa constrictor*. Foto: H. Bosch

Der Körper ist hinter dem Schädel in ganzer Länge von einer langen Wirbelsäule durchzogen, die aus zahlreichen, über jeweils mehrere Gelenke miteinander verbundenen Wirbelkörpern zusammengesetzt ist. Bei einer *Boa constrictor imperator* von 210 cm Körperlänge wurden 310 Wirbelkörper, von denen 250 Rippenpaare trugen, gezählt.

Nur ausnahmsweise trifft man auch heute noch auf Riesenexemplare, die vier Meter Länge oder mehr erreichen. Aber bereits eine Abgottschlange von drei Metern Länge ist im Freiland, noch mehr im Terrarium, eine imposante und sehr befriedigende Erscheinung. Das größte jemals „im Fleisch" vermessene Exemplar – nur dieses Maß ist von Relevanz und nicht die Fabelmaße der abgezogenen äußerst dehnungsfähigen Häute – stammte aus Trinidad und brachte bei der Vermessung im Biotop eine Länge von ca. 5,60 m (≙ 18,5 feet; in MEHRTENS, 1987: 19). Andere sogenannte „Rekordlängen" von Abgottschlangen wurden an isolierten Häuten abgenommen, beruhen möglicherweise auf Verwechslungen (z. B. mit Anakondas) oder stammen aus nicht ernst zu nehmenden Sensationsdarstellungen ohne Bezug zur Realität (dabei werden Boas Längen von über 10 m angedichtet!).

Auch die größten Abgottschlangen erreichen damit nur etwa die Hälfte der Länge der größten neotropischen Schlangen, den Anakondas, die im Norden Südamerikas gemeinsam mit den Abgottschlangen vorkommen. Als Riesenschlangen werden Boas nur etwa ebenso groß wie die größten Nichtriesenschlangen aus der Gruppe der Giftnattern *(Elapidae)*, z. B. die giftige Königskobra *(Ophiophagus hannah)* oder der australische hochgiftige Taipan *(Oxyuranus scutellatus)*, für die ebenfalls Gardemaße von über 5 m berichtet werden.

Abgottschlangen gehören somit nicht zu den wahren Riesen unter den Riesenschlangen! – Nur für den Netzpython *(Python reticulatus)*, Tigerpython *(Python molurus)*, Felsenpython *(Python sebae)* und Amethystpython *(Liasis amethystinus)* aus der Familie der *Pythonidae* sowie der Anakonda *(Eunectes murinus)* aus der Familie der *Boidae* sind Längen von über 6 m verbürgt und auch heute noch aus entlegenen Gebieten zu erwarten. Nur für *Python reticulatus* und mit gewissen Zweifeln für *Eunectes murinus* wurden überhaupt Längen von über 10 m glaubwürdig berichtet. Solche echten Riesen können dann auch Großtiere mit über 50 kg Körpermasse (einschließlich des Menschen) überwältigen, während diese Gefahr von einer „Normalboa" ganz sicher nicht ausgeht.

Verläßliche Gewichtsangaben findet man selten in der Literatur. Umso wertvoller sind im Freiland vor Ort ermittelte Maße und Gewichte von Boas:
a) MONTGOMERY & RAND (1978) berichten aus der Panama-Kanal-Region eine 2,4 m lange *Boa constrictor* mit 11,3 kg.
b) ARENDT & ANTHONY (1986) vermelden eine 1,1 m lange St. Lucia Boa *(Boa constrictor orophias)* mit nur 397 g.
c) CHIODINI et al. (1982) gaben für sieben bis 14 Jahre alte Terrarien-Boas dagegen Gewichte zwischen 12 und 20 kg an.
d) Das Maximalgewicht einer Abgottschlange wird mit 60 (!) kg vermeldet (und hier nur mit Vorbehalt erwähnt, da es sich – falls die Angabe stimmen sollte – nur um ein total verfettetes Gefangenschaftsartefakt handeln kann).

4.2 Zeichnung, Somatolyse

Mit wenigen Ausnahmen tragen Boas ein sehr attraktives, in ungezählten Variationen vorliegendes, charakteristisch gemustertes „Abgottschlangenkleid". Auch die Formen, die in ihrer Zeichnung aus dem Rahmen fallen, sind dennoch am Habitus und ihrer unverwechselbaren „Physiognomie" immer noch als „typische" Boas zu erkennen. Will man das „typisch Boahafte" aber so beschreiben, daß alle vorkommenden Vertreter eingeschlossen sind, gerät man in Schwierigkeiten.
Hier ein Versuch (unter Verweis auf die Abbildungen): alle Boas machen sich in ihrem jeweiligen Lebensraum die Vorteile der Somatolyse (= Auflösung der Körpergestalt durch verbergendes, kryptisches Zeichnungsmuster) zu Nutzen. Ihre Grundfärbung reicht dabei von einem hellen bis dunklen sandfarbenen Braun-Beige über Grau- und Rosa- bis hin zu Rottönen. Bei einzelnen Formen herrscht sogar ein düsteres Schwarzbraun vor. Auf dieses so gefärbte Schuppenkleid scheint auf dem Rücken und an den Körperseiten ein seriales, sich regelmäßig wiederholendes dunkleres Zeichnungsmuster geprägt. Im typischen Fall setzt sich dieses auf dem Rücken aus einer Reihe hintereinanderliegender, geschlossener oder auch offener Kettenglieder (≙ Sattelflecken) zusammen. Diese umschließen eine mit der Anzahl der Sattelflecken korrelierende Anzahl von mehr oder weniger großen, kreisrunden bis länglich-ovalen helleren Rückenflecken. Während auf der Dorsalseite vom Kopf bis über die Körpermitte hinaus in dem „Kettenmuster" die großen rundlich-ovalen helleren Flecken dominieren, gewinnen zur Kloake hin, vor allem aber in der Schwanzregion, die dunkleren Sattelflecken

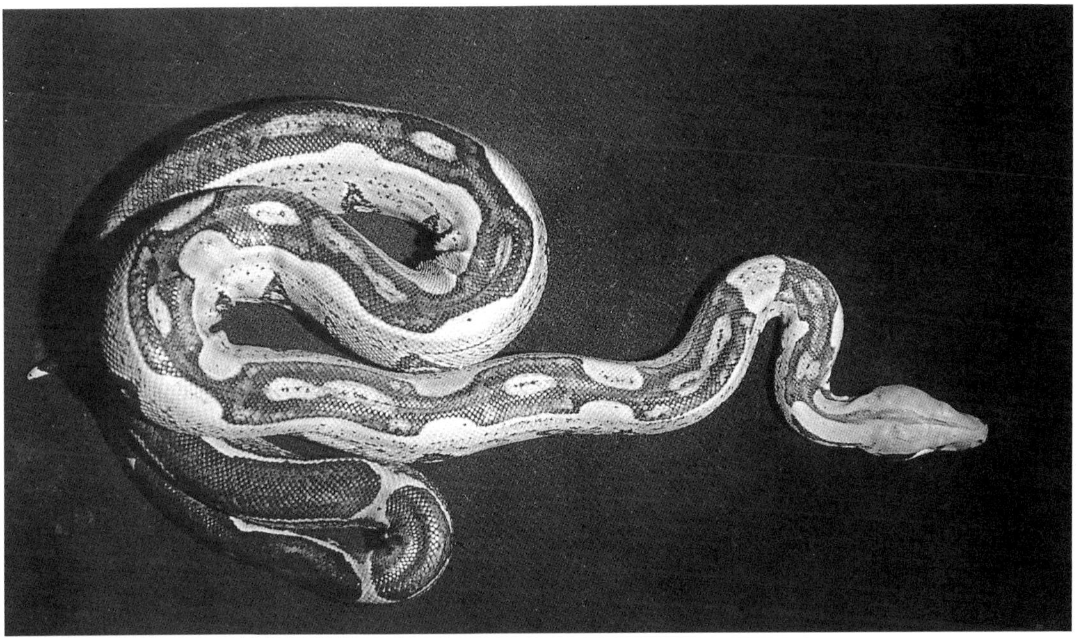

Die Musterung und Farbgebung von *Boa constrictor* ist sehr variabel. Foto: H. Bosch

Diese sehr helle Variante von *B. c. constrictor* stammt aus einer Population in Surinam. Foto: H. Bosch

die Oberhand. Bei verschiedenen Populationen sind gerade die hinteren Körperregionen auffallend kontrastreich und „bunt" gefärbt in Rottönen, die von orange über blutrot und mahagoni- bis tief kastanienbraun reichen („Rotschwanzboas"). Die Körperseiten sind mit einer Reihe von dunklen Flecken, in denen sich helle Innenzonen befinden, versehen. Die Bauchschilder erscheinen demgegenüber meist sehr eintönig rahmfarben-gelblich, mit einer unregelmäßigen schwarzen Fleckenzeichnung, die von einzelnen kaum wahrnehmbaren Spritzern über deutliche Kleckse bis fast zur totalen Schwarzfärbung verfließen kann.

Das regelmäßige, ornamental anmutende „Teppichmuster" der Rückenseite erleidet selbst innerhalb einer Population oft mannigfache „Störungen" und Abweichungen bis hin zur völligen „Verfälschung" (gestreifte Abgottschlangen). Bei einigen geographisch isolierten Formen oder den Vertretern an den Rändern des Verbreitungsgebietes kann das Abgottschlangenkleid auch nahezu bis zur Unkenntlichkeit „ausgewaschen" erscheinen. Dennoch sind auch diese „aberranten", fahl gezeichneten Populationen (sowie Fehlfarben und auch Albinos) immer als typische Abgottschlangen anzusprechen. Vielleicht liegt dies an dem charakteristischen „Boablick" dieser aufmerksamen Augen mit den senkrecht gestellten, schlitzförmigen Pupillen, die bei normal gezeichneten Exemplaren in einen seitlichen Schläfenstreifen integriert erscheinen. Es ist schwer zu beschreiben, wer aber das Erscheinungsbild dieser Schlangen verinnerlicht hat, wird Abgottschlangen immer ohne Probleme erkennen.

Das außerhalb des natürlichen Lebensraumes, also z. B. in einem steril eingerichteten Terrarium, geradezu ins Auge springende, künstlich erscheinende plakative Zeichnungsmuster verbirgt diese Schlangen dagegen in ihrem jeweiligen Biotop wie unter einer Tarnkappe. Eine *Boa constrictor* z. B. im Fallaub des Urwaldbodens im Wechselspiel des Lichtes ist „optisch weg" und selbst dann, wenn sich ihr Muster bewegt, nur schwer auszumachen. Auf dieser perfekten Tarnung beruht auch die Jagdstrategie dieser extrem in ihren Lebensraum eingepaßten Würgeschlangen. Inwieweit es sich bei den im Vergleich zu den Alttieren noch auffälliger und kontrastreicher gezeichneten Jungboas um eine „Warnfärbung" handelt – die bei einigen Formen auffallend rote Schwanzregion soll zusammen mit einem bestimmten Bewegungsablauf eventuelle Freßfeinde abschrecken – bedarf noch der Bestätigung. Die noch überwiegend arborealen Jungboas sind mit ihrem teilweise sehr wirr erscheinenden Zeichnungsmuster, das die Körperumrisse in diesem Hell-Dunkel-Bereich der Baumregion auflöst, ohne Zweifel an diesen Lebensraum noch besser angepaßt als die größeren eher terrestrisch orientierten Exemplare mit ihrer ruhiger erscheinenden „Bodentracht". Albinos werden für Abgottboas – sowohl aus dem natürlichen Lebensraum als auch aus Zuchten in Menschenobhut – im Verhältnis zu anderen Schlangengruppen (z. B. den *Colubridae* oder den *Pythonidae*) selten berichtet. VILLA & RIVAS (1971) belegen einen *Boa constrictor imperator*-Albino aus Nicaragua, der eine Länge von 130 cm aufwies. PHILIPPE DE VOSJOLI (1990) berichtet über die züchterischen Bemühungen, Albino-Boas und andere „Morphen" herzustellen. Wozu?

Abb. Nr. 1: Trotz ihrer auffälligen Färbung ist *Boa constrictor constrictor* im natürlichen Lebensraum durch ihre umrißauflösende Zeichnung gut getarnt.
Foto Biotop: M. Schmidt – Foto Boa: R. Heitz

2

3

4

5

6

7

8

Abb. 2: **Dieses Exemplar einer gut 2,5 Meter langen *Boa c. constrictor* stammt aus der küstennahen Region Französisch Guyanas. Neben überwiegend bräunlichen Tieren gibt es dort auch Exemplare, die wie das abgebildete eher rosafarben erscheinen.** Foto: M. Schmidt

Abb. 3: ***B. c. constrictor* im natürlichen Lebensraum in Französisch Guyana. Diese Variante einer „Rotschwanzboa" ist als eine typische Abgottschlange dieser Region anzusehen.** Foto: M. Schmidt

Abb. 4: **Im geöffneten Maul dieser *B. c. constrictor* aus Französisch Guyana sind die Zahnreihen deutlich zu erkennen.** Foto: M. Schmidt

Abb. 5: **Diese „Rotschwanzboa" aus Surinam ist in ihrem Rotanteil nicht ganz so intensiv gefärbt wie die Tiere aus Französisch Guyana.** Foto: H. Bosch

Abb. 6: **Die Elterntiere dieser *B. c. amarali* stammen aus der Region um Sao Paulo. Typisch für *B. c. amarali* ist die auf dem stark reduzierten Muster eingestreute dunkle Punktierung.** Foto: M. Schmidt

Abb. 7: **In der Aufsicht sind die charakteristischen Merkmale für *B. c. amarali* besonders gut zu erkennen.** Foto: H. Bosch

Abb. 8: **Diese *B. c. constrictor* kommt im südlichen Brasilien vor und könnte als eine Übergangsform zu *B. c. amarali* betrachtet werden.** Foto: H. Bosch

4.3 Geschlechtsunterschiede

Abgottboas tragen noch die Reste der Hinterbeine ihrer vierfüßigen Vorfahren mit sich. Dieser Tatbestand allein ermöglicht bei diesen Schlangen die Erkennung der Geschlechter an äußerlich erkennbaren sekundären Geschlechtsmerkmalen: Die über die Körperoberfläche hinausragenden Teile dieser Beinreste, als Aftersporne oder Aftersporen bezeichnet, sind im männlichen Geschlecht wesentlich stärker ausgeprägt als im weiblichen (wo sie mitunter sogar fehlen können). Dennoch gehört einige Erfahrung dazu, dieses Merkmal sicher werten zu können (vergleiche hierzu die nebenstehenden Abbildungen. Darüber hinaus haben männliche Boas im Vergleich zu den Weibchen einen längeren Schwanzteil hinter der Kloake. Männchen bleiben bei allen Abgottschlangenformen kleiner als die Weibchen, die insgesamt einen viel massigeren Eindruck machen. Die größten Boas erwiesen sich immer als weibliche Tiere.

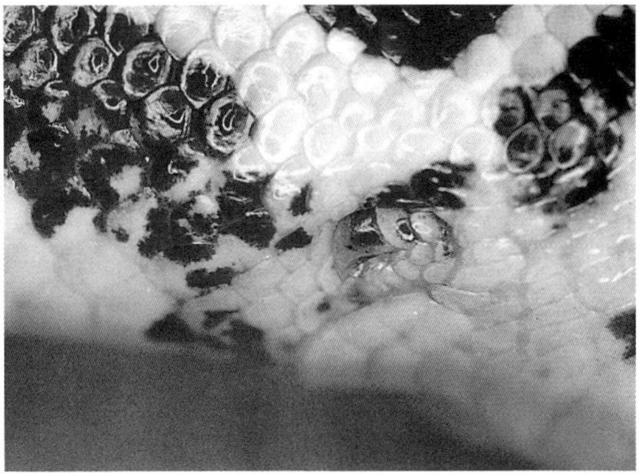

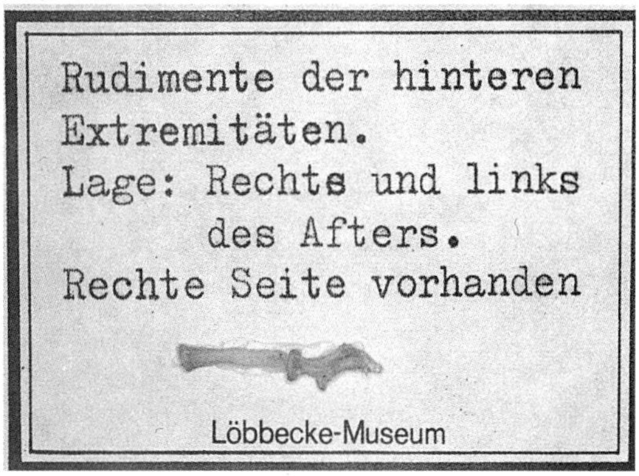

Die beiden Aufnahmen zeigen die Aftersporne einer männlichen *B. constrictor*. Foto: H. Bosch

4.4 Sinnesorgane, Sinnesleistungen

Die Sinneswelt der Abgottschlangen ist uns Menschen als überwiegenden „Augentieren" nur schwer erschließbar. Der optische Sinn spielt bei allen Schlangen nach den vorliegenden Erkenntnissen nämlich nur eine untergeordnete Rolle. Schlangenaugen haben eine eingeschränkte Akkomodationsfähigkeit. Auch wenn sie unter ihren Brillenschuppen durchaus Augenbewegungen zeigen und nicht nur den „Starren Blick" haben, den man ihnen zuschreibt, sind ihre Augen weniger auf schnelles scharfes Sehen eingerichtet als vielmehr auf das schlichte Erkennen von Umrissen und sich bewegenden Formen. Auch Abgottschlangen gehen während der Zeit der Trübung ihrer „Brillen" vor der nächsten Häutung nicht auf Nahrungssuche und verbringen diese Zeit in ihren Unterständen, gerade so, als ob sie nichts sehen könnten. Andererseits weiß man aber von Terrarienbeobachtungen, daß auch erblindete Abgottschlangen noch sicher ihre Beutetiere orten und gezielt schlagen können. Es muß also auch ohne Augen eine Feinorientierung für diese Schlangen möglich sein.

Die dominanten Sinne dürften bei den Abgottschlangen der Geruchssinn und „Wärmesinn" sein. Sie sind entscheidend bei der Nahrungs- und Partnersuche der überwiegend dämmerungs- und nachtaktiven Tiere. Dabei funktioniert aber ein spezielles Organ am Gaumendach (Jacobson'sches Organ), dem Duftstoffe über das Züngeln zugeführt werden, als ein „Riechdetektor" mit extrem hohem Auflösungsvermögen bis hinein in den Bereich einzelner Moleküle! – Schlangen können deshalb wahrscheinlich noch viel exakter als Hunde den Duftspuren ihrer Beutetiere folgen.

Noch schwerer erfaßbar für uns ist der „Wärmesinn" dieser ektothermen Tiere mit ihren sogenannten Infrarotorganen zum Sehen von „Wärmebildern". Obwohl Abgottschlangen hierfür keine sichtbaren äußeren Anzeichen haben, wie z. B. die Labialgruben der verwandten Boidengattung *Corallus* oder der Pythonschlangen, oder die Grubenorgane der Grubenottern, haben auch sie unter den Schuppen liegende Wärmerezeptoren. Diese liegen insbesondere unter den Labialschildern, die beim Aufspüren der Beutetiere, zusammen mit den anderen Sinnesorganen, eine bedeutende Rolle spielen.

Das Hören scheint bei Abgottschlangen – wie bei allen Schlangen – nicht mehr stattzufinden. Jedenfalls sagt man allen Schlangen absolute Taubheit nach. So ganz stimmt das jedoch nicht. Schlangen „hören" nur anders und sicherlich nicht mehr in den Frequenzen, die wir wahrnehmen können. Der ursprüngliche Ohrbereich ist zu einem reinen Erschütterungssinnesorgan umgestaltet. Ein äußerlich sichtbares Trommelfell fehlt zwar, der jedoch noch vorhandene und funktionstüchtige Stapes (Steigbügel) – der Gehörknochen ihrer Echsenvorfahren – steht aber einerseits über das Quadratum mit dem Unterkiefer in direkter Verbindung und hat andererseits in den Bereichen des Innenohres eine Direktleitung ins Gehirn. Somit können – wenn die Schlange auf dem Boden liegt – Erschütterungen des Bodens bei der Annäherung eines Großtieres wahrgenommen werden und eine frühzeitige Flucht einleiten.

Die Sinnesleistungen der Abgottschlangen spielen sich demnach in für uns unzugänglichen Sphären ab: Sie fangen mit der Zunge Duftmoleküle, riechen mit einem Spezialorgan am Gaumendach, „sehen" Wärme und „hören" Erschütterungen des Bodens.

4.5 Verbreitungsgebiet, Lebensräume

Das Verbreitungsgebiet von *Boa constrictor* reicht vom mittleren Mexiko (Sonora-Wüste) im Norden über Mittelamerika nach Südamerika, hinunter bis in das nördliche Argentinien im Süden. Darüber hinaus sind Abgottschlangen auch auf den Kleinen Antillen verbreitet (während sie auf den Großen Antillen fehlen und dort durch die verwandte Gattung *Epicrates* „vertreten" sind). In diesem riesigen Verbreitungsgebiet über ca. 65 Breitengrade (*Boa constrictor* gehört damit zu den Landwirbeltierformen mit der größten flächenmäßigen Verbreitung!) haben sich die Abgottschlangen an eine Vielzahl unterschiedlichster Lebensräume angepaßt. So kommen heute Abgottschlangen in den nassen tropischen Sumpfwäldern, Tieflandregenwäldern und Mangrovenwäldern – alles Bereiche mit kaum wechselnden klimatischen Umweltreizen –, in Bergregenwäldern, Trockenwaldgürteln, Trockendickichten (z. B. in Yucatan) bis hinauf in montane, jahreszeitlich scharf gegeneinander abgegrenzte Klimazonen und sogar in wüstenhaften Extrembiotopen vor. Von Meereshöhe klettern sie in Höhenlagen von über 1000 m (für *Boa constrictor ortonii* werden Fundorte aus 923 m Höhe angegeben; für *Boa constrictor constrictor* in Venezuela ca. 1500 m). Zusammen mit den nördlichen Populationen der Tigerpython *(Python molurus bivittatus)* in China gehören die Abgottschlangen damit sogar zu den Riesenschlangen, die auch Kälteperioden in richtigen Winterruhepausen erfolgreich überstehen können.

Im Gegensatz zur wasserbezogenen, halbaquatischen bis aquatischen Anakonda hat sich *Boa constrictor* demgegenüber eine ungewöhnliche Vielfalt von Habitaten erfolgreich erobert und eine für eine ektotherme Reptilienform ungewöhnliche Toleranzbreite von Temperatur- und Feuchtigkeitswerten vorzuweisen. Diese enorme Adaptationsleistung bezieht sich dabei auf die gesamte Einheit *Boa constrictor*. Die einzelnen Populationen sind in die Temperatur- und Feuchtigkeitsvariationen ihres jeweiligen Verbreitungsgebietes „eingepaßt".

Dementsprechend vielfältig sind die Haltungsansprüche der Abgottschlangen in Menschenobhut. Am einfachsten sind die Formen zu pflegen, die aus relativ gleichförmigen Klimabereichen kommen. Bei den Vertretern aus den ariden oder montanen Extrembereichen und den Populationen aus dem äußersten Norden und Süden des Verbreitungsgebietes sind die jeweiligen jahreszeitlichen Kälte- bzw. Trockenruhezeiten einzuhalten. Diese Ruhezeiten sind erforderlich, wenn man die Tiere auf Dauer nicht nur gesund erhalten, sondern auch zur Fortpflanzung bringen will.

Ein Trockenbiotop in Yucatan. Foto: R. Heselhaus

4.6 Lebensweise

Obwohl *Boa constrictor* ein riesiges Areal bewohnt und von ungezählten Autoren beobachtet wurde, liegen erschreckend wenige Berichte vor, die ihre Lebensäußerungen und Lebensabläufe im natürlichen Lebensraum (z. B. Körpertemperaturen, Aktivitätsrhythmen etc.) exakt belegen. Ein Grund hierfür dürfte in der dämmerungs- und nachtaktiven Lebensweise dieser Schlangen liegen, die den Tag unbemerkt in ihren Verstecken und Unterständen verbringen. Hierin liegt auch der Grund, daß viele Daten zur Biologie von Abgottboas bei u. U. nicht repräsentativen Einzelexemplaren in Menschenobhut unter „Laborbedingungen" gewonnen, ja richtig erarbeitet werden mußten. Keine verwertbaren Angaben konnten z. B. über die Boas der klimatischen Extrembereiche gefunden werden.
Ausgeprägte saisonale Aktivitätszyklen kommen bei Abgottschlangen vor allem in den nördlichsten und südlichsten Bereichen des Verbreitungsgebietes vor, ebenso in den savannenähnlichen Trockenwaldgebieten Mittelamerikas und den ausgesprochen montanen Bereichen. Längere Ruhephasen, im natürlichen Lebensraum ausgelöst z. B. durch Dürre- oder Kälteperioden, können in extremen Biotopen Wochen bis mehrere Monate betragen. Demgegenüber sind die Regenwaldpopulationen Südamerikas das ganze Jahr über aktiv.

Immer wieder wird berichtet, daß Abgottschlangen hervorragende Schwimmer seien. Es liegen aber keine glaubwürdigen Berichte vor, die eine Jagd auf Beutetiere im Wasser belegen würden. Nach den bisherigen Erkenntnissen scheinen die jungen Abgottschlangen noch wesentlich „dynamischer" zu sein als die Alttiere und auch den Busch- und Baumbereich aktiv für die Nahrungssuche zu nutzen. Ob dies für alle *Boa constrictor*-Taxa zutrifft, bleibt zunächst noch offen.

MONTGOMERY & RAND (1978) markierten auf Barro Colorado Island in der Panama-Kanal-Region im Oktober eine 2,4 m lange *Boa constrictor* mit einem über eine Futterratte verabreichten Radiosender und verfolgten ihre Aktivitäten und Körpertemperaturen über einen Zeitraum von 12 Tagen. In dieser Zeit legte diese Abgottschlange nur (!!!) 135 m zurück, wobei sie nur alle drei bis vier Tage auf Wanderschaft ging und eine neue bewohnbare Höhle aufsuchte (insgesamt bezog sie in dieser Zeit vier verschiedene Höhlen). Wie sich herausstellte, ging diese Boa nicht – wie man vermuten könnte – auf nächtliche Streifzüge, um danach in ihren jeweiligen Unterschlupf zurückzukehren. In eine einmal verlassene Höhle kehrte diese Boa nicht mehr zurück, und die Zeit zwischen den Umzügen verbrachte sie in jeweils über mehrere Tage und Nächte anhaltenden Untätigkeitsphasen offenbar „inaktiv" in ihrem jeweiligen Unterschlupf. Hierbei werden gerne die von Gürteltieren und anderen Kleinsäugern gegrabenen Höhlen „okkupiert".

Der Faktor Zeit scheint bei Abgottschlangen keine Rolle zu spielen. Die Jagdstrategie ihrer *Boa constrictor* beschrieben MONTGOMERY & RAND als eine schlichte „sit-and-wait-hunting-strategy". Fange ich heute nichts, dann eben morgen. Damit könnten all die Beobachtungen entkräftet werden, in denen Abgottschlangen gierend durch den Dschungel hasten. Die oben genannten Autoren konnten aber nicht klären, ob ihre Beobachtungs-Boa jeweils die „rechtmäßigen" Besitzer bzw. Erbauer ihres jeweiligen Unterstandes verspei-

ste, bevor sie weiterzog. Bei den Untersuchungen von MONTGOMERY & RAND (1978) ergab sich weiterhin, daß die Körpertemperatur dieser Schlange in den 12 Beobachtungstagen – bei Umgebungstemperaturen zwischen 23,3 und 28,3 °C – zwischen 24,4 und 29,4 °C schwankte. An mehreren Tagen differierten Minimal- und Maximal-Körpertemperaturen nur um 1,7 °C. Auffallend war, daß diese Boa eine relativ hohe Körpertemperatur auch bei ihren mehrtägigen inaktiven Höhlenaufenthalten ziemlich konstant hielt, jeweils etwas höher als die Umgebungstemperatur! Hierdurch ist sie immer physiologisch einsatzbereit und kann auf eventuelle Futtertiere adäquat reagieren.
Andere Untersucher (BRATTSTROM, 1965; McGINNIS & MOORE, 1969) maßen dagegen wesentlich größere Unterschiede der Körpertemperatur bei freilebenden Abgottschlangen in anderen Biotopen. In einem Fall schwankte die Körpertemperatur an einem Tag zwischen 22 und 37 °C und die Boa „überlebte" einen Temperatursturz um 15 °C in zweieinhalb Stunden. McGINNIS & MOORE (1969) fanden auch heraus, daß Abgottschlangen nicht auf eine direkte Sonneneinstrahlung angewiesen sind, um physiologisch aktive Körpertemperaturen aufrecht zu erhalten.
Aus diesen wenigen Befunden wird deutlich, daß Abgottschlangen ganz offenbar noch ungeahnte physiologische Fähigkeiten in sich bergen. Sie scheinen in engen Bereichen zu einer bescheidenen Thermoregulation befähigt zu sein, müssen sich aber andererseits auch in die jeweils herrschende Umgebungstemperatur „fallen lassen" können.
Für die Terrarienhaltung sind schon aus diesen wenigen Angaben wichtige Schlüsse zu ziehen. Man kann seiner Boa zwar nicht alle drei bis vier Tage ein neues Terrarium einrichten, doch sollte ihrer Vorliebe für Höhlen als Ruheplätze entsprochen und ihr ein solcher geborgener Ort eingerichtet werden. Außerdem muß das Gehege so geräumig sein, daß die Schlange, wenn sie mal will, auch auf die nächtliche Wanderschaft gehen kann.

4.7 Ernährung

Der Speiseplan der Abgottschlangen paßt sich den Gegebenheiten des jeweils bewohnten Lebensraumes an. Die Berichte, wonach Boas Hirsche oder Rinder schlagen und fressen sollen, müssen in der Rubrik „Jägerlatein" abgelegt werden. Abgottschlangen dürfen keine Kostverächter sein. Sie suchen ihre Futtertiere unter Reptilien, Vögeln und Säugetieren. Junge Boas werden wohl auch die eine oder andere Kröte schlucken müssen. Kaimane werden ebenso von der „Futterkarte" berichtet wie Leguane. Jedoch dominieren insgesamt eindeutig Vögel und Säugetiere. Selten überschreiten die Dimensionen der Futtertiere dabei das Format eines Gürteltieres oder Opossums. Auch Fledermäuse werden nicht verschmäht, wobei z. B. eine St. Lucia-Boa *(Boa constrictor orophias)* einen Schlafplatz von Fledermäusen in einem hohlen Baum in über 7 m Höhe frequentierte (ARENDT & ANTHONY, 1986).
Über die Futtermengen, die eine Abgottschlange benötigt, sind teilweise wirre Spekulationen im Umlauf. Da verläßliche Freilandbeobachtungen hierüber aber fehlen, wird im Kapitel 8.2 bei Boas in Menschenobhut auf diesen Punkt nochmals eingegangen. Im Freiland trifft man jedoch nie auf solche „Mastbo-

as", wie sie in manchen Tierhaltungen „mit Stolz" präsentiert werden. Deswegen wird man wohl nicht fehl gehen in der Annahme, daß Abgottschlangen im natürlichen Lebensraum nicht mit schöner Regelmäßigkeit jede Woche an Beutetiere kommen, sondern zwangsweise längere Fastenzeiten einlegen müssen.

4.8 Fortpflanzung

Die bisherigen Erkenntnisse über Einzelheiten der Fortpflanzung bei Abgottschlangen wurden in aller Regel an und mit Boas in menschlicher Obhut gewonnen, während aus dem Freiland meist über Vermutungen nicht hinausgehende, oft widersprüchliche Beobachtungen vorliegen.

Die Geschlechtsreife von Abgottboas im natürlichen Lebensraum wird in der Literatur im allgemeinen im Laufe des dritten Lebensjahres angenommen. Bei Boas, die in Menschenobhut aufgewachsen sind, wird von ROSS & MARZEC (1990) dagegen die frühestmögliche Geschlechtsreife sowohl für männliche als auch für weibliche Tiere bereits mit 19 Monaten (!) angegeben.

Paarungen finden in der Regel während der Nacht und an Land statt. Vor der Paarung kommen die wuchtigeren männlichen Aftersporne zum Einsatz (wozu die schwächlicheren weiblichen Aftersporne dienen, ist unbekannt). In zahlreichen Beobachtungen von „balzenden" Abgottschlangen wird immer wieder einhellig berichtet, daß die Männchen mit gespreizten und sich bewegenden Aftersporen über die Dorsalseite der Weibchen kriechen. Wohl um diese durch taktile Reize in die bevorstehende Paarung „einzustimmen"? Ob die Aftersporne des Männchens allerdings vor der Paarung in die Kloake des Weibchens eindringen und diese für das Einfahren der Hemipenes „öffnen" müssen, wie manchmal behauptet wird, erscheint mehr als fraglich! Vielmehr spreizen die weiblichen Abgottschlangen, wenn sie nach entsprechender Stimulierung durch die Männchen paarungsbereit sind, den Kloakeneingang auch „von alleine", wie immer wieder festgestellt werden kann.

Die männlichen Abgottschlangen haben zwei charakteristisch gestaltete Hemipenes. Bei ei-

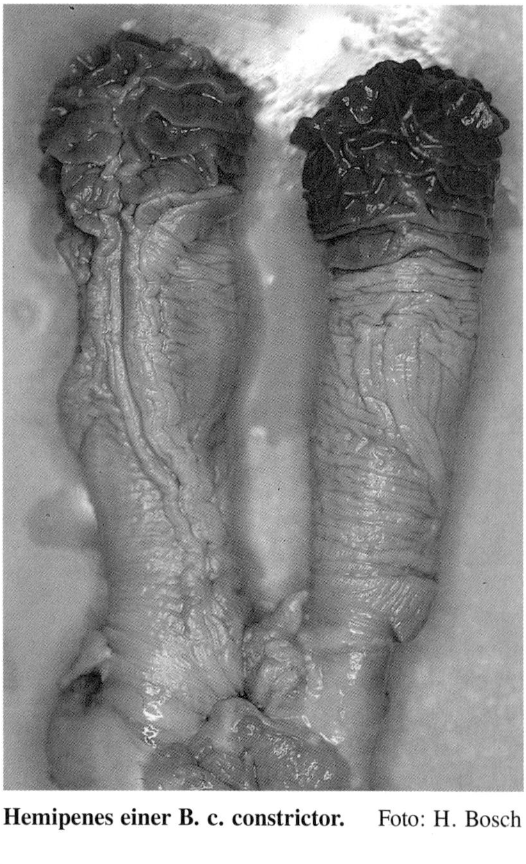

Hemipenes einer B. c. constrictor. Foto: H. Bosch

ner Kopulation wird jeweils nur einer eingesetzt, der dann nur einen der beiden weiblichen Eileiter mit Spermienmaterial zur zukünftigen Besamung der Eizellen versorgen kann. Für eine Beschickung beider Eileiter sind demnach mehrfache Kopulationen mit alternierendem Einsatz der Hemipenes erforderlich (wie BÖHME & SIELING, 1993, anhand verwandter Boidentaxa nachgewiesen haben). Eine einmalige Kopulation reicht für einen optimalen Reproduktionserfolg nicht aus. Jeder Hemipenis ist mit einer deutlich sichtbaren Samenrinne ausgestattet, in der die Spermien aus dem Nebenhoden kommend zu ihrem zukünftigen Einsatzort in der weiblichen Kloake geleitet werden. Die markanten Hemipenesköpfe sind mit lamellenartig übereinander angeordneten Ringstrukturen gestaltet, tragen aber keinerlei „stachelige" oder sonstwie stabil erscheinende Verankerungsgebilde, wie sie bei anderen Reptilienformen angetroffen werden. Wie man weiß, ist ihr fester Halt in der weiblichen Kloake aber auch mit diesen rein „fleischig" erscheinenden Strukturen gewährleistet, da Abgottschlangen in Kopulationen vereint sind, die von wenigstens einer Stunde bis über 10 Stunden andauern können. Vielleicht muß man sich die Funktionsweise dieser Abgottschlangen-Hemipenes als pralle „Ballonanker" vorstellen, nachdem das Boa-Männchen sie für die Kopulation mit Blut „aufgepumpt" hat?

Über die Trächtigkeitsdauer von Abgottschlangen findet man in der Literatur Angaben zwischen 119 und 295 Tagen (ENGELMANN & OBST, 1981), d. h. zwischen vier und 10 Monaten! Diese Diskrepanz ist nicht biologisch erklärbar und schlicht in falschen bzw. unzureichenden Beobachtungen begründet. Bei Boas ist zwar eine Spermienspeicherung bekannt, aber keine verzögerte Embryonalentwicklung. Wie SIELING (mündliche Mitteilung) bei zahlreichen Nachzuchten von *Boa constrictor occidentalis* immer wieder bestätigt fand, tritt ziemlich genau zwei Monate nach der sogenannten „Initialkopulation" hinter dem Magen (also kurz hinter der Körpermitte) der Boa-Weibchen eine merkwürdige kurzzeitige lokale Umfangsvermehrung auf, die als das Resultat einer „Ovulation" ($\triangleq$ Entlassen der besamungsfähigen Eizellen aus den Ovarien in die Eileiter) gedeutet wird (ROSS & MARZEC, 1990).

Ab dem Zeitpunkt des „Einfangens" der bei Abgottschlangen außergewöhnlich großen Sekundärfollikel (die den befruchtungsfähigen Eizellen entsprechen) in die Eileiter und ihrer nachfolgenden Befruchtung (wahrscheinlich im obersten Bereich der Eileiter) mit dem „angesammelten" Spermienmaterial der seit der „Initialkopulation" erfolgten Paarungen kann man die eigentliche Dauer der Trächtigkeit dann auf ziemlich genau vier Monate festlegen (SIELING, mündliche Mitteilung).

Vereinfacht läßt sich sagen, daß bei Abgottschlangen sechs Monate nach der „Initialpaarung" die Jungtiere geboren werden. Die Embryonalentwicklung in den Eihäuten nimmt dabei „nur" vier Monate in Anspruch. Dieser eigentlichen Trächtigkeit sind zwei Monate

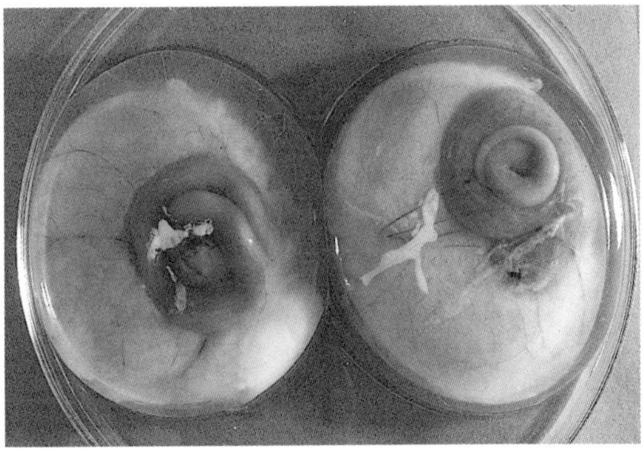

Embryonen in der Eihülle. Foto: H. Bosch

vorgelagert für die Eientwicklung aus den Follikeln – die durch die „Initialkopulation" angeregt wird – bis zur „Ovulation" und den Transport der Eizellen in die Eileiter.
Zum Abschluß ihrer Trächtigkeit „gebären" die Weibchen voll entwickelte Jungtiere, die bei einer Geburtslänge zwischen 30 und 60 cm (das entspricht bereits ca. 20% der Länge der Elterntiere) und Geburtsgewichten zwischen 30 und 80 g im Vergleich zu den Alttieren schon relativ groß sind.
Wie die mit den Boas verwandten Anakondas sind auch die Abgottschlangen sehr fruchtbar. Die Anzahl der geborenen Jungtiere nimmt dabei mit zunehmendem Alter und Größe des Muttertieres zu. Bei den großen Weibchen sind Wurfgrößen zwischen 30 und 50 lebenden Jungtieren normal. Es werden aber auch bis zu 65 Jungtiere in einem Wurf (ROSS & MARZEK, 1990) berichtet.

Eine Gruppe von *B. c. nebulosa* kurz nach der Geburt. Foto: Franz Buchmann

In den trächtigen Boa-Weibchen findet noch keinerlei „plazentale" Ernährung der Embryonen statt (wie sie z. B. bei den hochentwickelten Giftschlangen erfolgt). Die Embryonalentwicklung der Abgottschlangen verläuft in den Eileitern der Mutter, separat für jeden Embryo, eingeschlossen in seinen Eihäuten. Die „schlüpffertigen" Abgottschlangen verlassen die Eihäute meist erst kurz vor, manchmal aber auch während oder auch erst nach dem Geburtsvorgang. Dieser entspricht eigentlich „nur" einer Ablage von im Körper des Muttertieres ausgebrüteten Eiern. – Bei dieser als ovovivipar definierten Fortpflanzung wird derzeit ein Transfer von Sauerstoff und möglicherweise auch anderen Elementen zwischen Muttertier und den in den Eihäuten heranwachsenden Embryos diskutiert, dessen Mechanismus aber noch nicht geklärt werden konnte.
Eier, in denen keine Embryos heranwuchsen, sei es, weil sie unbefruchtet geblieben waren oder weil die Embryonalentwicklung frühzeitig erlosch, werden – je nach ihrer Lage in den Eileitern – vor, oft auch zusammen mit den lebenden Jungtieren als sogenannte Wachseier, in denen die Dottermassen bisweilen geronnen oder „verkäst" erscheinen, abgelegt.

4.8.1 Fortpflanzungsdaten aus dem natürlichen Lebensraum

Entsprechend dem riesigen Verbreitungsgebiet mit seinen verschiedenen Klimabereichen ist eigentlich zu erwarten, daß die einzelnen Abgottschlangen-Einheiten, in Anpassung an die lokalen klimatischen Besonderheiten, – wenigstens auf der Nord- und Südhalbkugel – unterschiedliche Fortpflanzungszeiten haben. Auch über diesen wichtigen Bereich liegen bisher erst äußerst spärliche Einzelbeobachtungen vor. Weder die Variationsbreiten dieser bestimmten geografischen Regionen zugeschriebenen sexuellen Aktivitätsrhythmen noch die damit korrelierenden Geburtszeiten der Jungtiere sind bisher hinreichend erfaßt.
Aus der Literatur konnten beim Vergleich der drei Abgottschlangen-Gruppen jeweils nur einzelne Angaben entnommen werden, da Daten, bei denen nicht zu klären war, ob sie auf Freiland- oder Gefangenschaftsbeobachtungen beruhen, nicht berücksichtigt werden konnten.

a) Imperator-Gruppe:
Mittelamerika (Region nicht erwähnt): Geburt der Jungtiere im Juli (FITCH, 1970).
British Honduras: Geburt der Jungtiere August (FITCH, 1970). Bei der oben erwähnten Sechsmonatsfrist zwischen Kopulation und Geburt der Jungtiere liegt die Paarungszeit für diese Gruppe demgemäß im Januar und Februar.

b) Constrictor-Gruppe:
Trinidad: Paarungszeit Dezember bis März, Jungtiere ab Mai (FITCH, 1970)
Kolumbien: Paarung im Nordherbst, Jungtiere März bis Mai
Orinoko- und Amazonasgebiet (sogenannte Rotschwanzboas): Paarungszeit Herbst und Winter (ROSS & MARZEC, 1990)
Argentinien *(Boa constrictor occidentalis)*: Die südlichsten Boa-Populationen verbringen den Südwinter von April oder Mai an in ihren unterirdischen „Winterquartieren", aus denen

sie nur zu sporadischen Sonnenbädern an die Oberfläche kommen. Paarungszeit ab November. Jungtiere werden von März an abgesetzt (ROSS & MARCEZ, 1990).

c) Antillen-Gruppe:
Sowohl für die Dominica- als auch die Saint Lucia-Boa wird das Absetzen der Jungtiere im Juli berichtet (FITCH, 1970). – Die Paarungszeit dürfte auf den Kleinen Antillen demnach im Januar und Februar liegen.

In ROSS & MARZEC (1990) sind weitere Fortpflanzungsdaten einzelner Boa-Einheiten erwähnt, die sich jedoch primär auf die Fortpflanzungsaktivitäten in menschlicher Obhut (in der nördlichen Hemisphäre) beziehen. Sie bestätigen die in a) bis c) aufgeführten Zeiträume für Paarungsaktivitäten und Absetzen der Jungtiere.
Auch wenn diese wenigen Daten noch kein vollständiges Bild aufzeigen, fällt doch bereits auf, daß sich alle Abgottschlangen in ihren Paarungs- und Geburtszeiten in ihren natürlichen Verbreitungsgebieten insgesamt sehr „konservativ" verhalten.
Alle Abgottboas, egal ob nördlich oder südlich des Äquators zu Hause, nutzen – soweit bekannt – in ihrem natürlichen Lebensraum nur die Monate Oktober bis März als Paarungszeiten und die Monate April bis September zum Absetzen der Jungtiere. Auch die in den klimatisch gleichförmigen, äquatornahen tropischen Tieflandsgebieten vorkommenden Formen scheinen dort keine ganzjährige Reproduktionsphase zu haben (wie man vielleicht annehmen könnte). Sie reihen sich offenbar ebenfalls in die Fortpflanzungs-Rhythmik ihrer klimatisch weniger begünstigten Artgenossen ein und besitzen festgelegte Paarungszeiten.
Im Gegensatz dazu stehen die unter 8.3.1 bei der Fortpflanzung in Menschenobhut angeführten Paarungszeiten, die oft nicht mehr mit den „natürlichen" Zeiten übereinstimmen.

5. Die Gattung *Boa* auf Madagaskar?

Acrantophis madagascariensis **sorgt für Unklarheiten in der Systematik.** Foto: H. Bosch

Im älteren Schrifttum (z. B. BOULENGER, 1893; DITTMARS, 1952) findet man bei der Behandlung der Abgottschlangen Hinweise, daß das Genus *Boa* auch außerhalb des neotropischen Verbreitungsgebietes, z. B. weit entfernt auf Madagaskar – mit den beiden Arten *„Boa madagascariensis"* und *„Boa dumerilii"* – anzutreffen sei. Vergleichende Überarbeitungen des Sammlungsmaterials und fundierte Checklisten (z. B. STIMSON, 1969) bestätigten den madagassischen Boiden dagegen ihre bereits bei ihren Erstbeschreibungen in den Jahren 1840 (*Sanzinia,* GRAY) bzw. 1844 (*Acrantophis,* JAN) zuerkannte Eigenständigkeit in zwei wohl separierte Gattungen.

Die Fachwelt schien sich mit diesem „status quo" abgefunden zu haben, bis 1991 KLUGE aufgrund seiner kladistischen Betrachtungsweise wieder Dynamik in die Boiden-Taxonomie brachte. Seine geradezu revolutionären Schlüsse werden unter den eher konservativ empfindenden Schlangenliebhabern vorerst aber nicht auf viel Gegenliebe stoßen! KLUGE kam zu dem Ergebnis, daß die wohl definierten madagassischen Boidengattungen *Acrantophis* und *Sanzinia* zu Unrecht bestehen, und er verbannte sie nicht nur in die Synonymie von *Boa,* sondern ordnete sie sogar lediglich als Unterarten von *Boa constrictor* ein!

Wie kontrovers und unentschieden selbst bei seriösen Schlangentaxonomen die Diskussion um die internen Verwandtschaftsverhältnisse der Riesenschlangenverwandtschaft im Allgemeinen und unserer hier behandelten Gattung *Boa* zu ihren nächsten Familienangehörigen im Besonderen geführt wird, sei nur kurz skizziert. Während McDOWELL 1979 (in CADLE, 1987) aufgrund morphologischer Kriterien folgerte, daß einerseits die neotropischen Gattungen *Boa* und *Xenoboa* ihre nächsten Verwandten in den beiden Madagaskar-Boas *(Acrantophis* bzw. *Sanzinia)* hätten, andererseits die ebenfalls neotropischen Gattungen *Corallus, Epicrates* und *Eunectes* jedoch mit der im Südwestpazifik verstreuten Gattung *Candoia* verwandtschaftlich enger verbunden seien (als mit *Boa*), weisen dagegen nach CADLE (1987) biochemische Befunde nur auf eine engere Verwandtschaft von den amerikanischen Genera *Boa, Corallus* und *Epicrates* untereinander hin. Danach wäre eine engere Verwandtschaft zwischen *Boa* und den madagassischen Formen auszuschließen! In die gleiche Richtung weisen auch Chromosomen-Untersuchungen der letzten Jahre, die vor allem für eine engere Verwandtschaft der beiden madagassischen Gattungen *Sanzinia* und *Acrantophis* plädieren und ihren Abstand von den neotropischen Formen als beträchtlich darstellen (in KLUGE, 1991).

Mit dem bisher aber erst spärlich vorliegenden biochemischen Belegmaterial ist noch kein klares Urteil in den angesprochenen Streitfragen zu fällen. Zudem sind die Aussagekraft und die Wertigkeit der biochemischen Parameter ebenso noch auf den Prüfstand zu stellen wie die von KLUGE in seiner kladistischen Annäherung eingesetzten Kriterien! Bevor nicht hieb- und stichfeste „Beweise" – unter Einbeziehung aller möglichen morphologischen und biochemischen Kriterien der in Frage kommenden taxonomischen Einheiten – auf dem Tisch liegen, wird weiterhin Unklarheit bestehen. Solange werden die meisten Herpetologen – auch der Autor – dahin tendieren, in den beiden madagassischen Boiden-Gattungen *Acrantophis* und *Sanzinia* stabile eigenständige Formen zu sehen, die starke verwandtschaftliche Affinitäten zu den neotropischen Boiden erkennen lassen. Ob nur zur Gattung *Boa* (wie oft angenommen) oder mit *Sanzinia* nicht nähere Beziehungen zu der erst in Einzelexemplaren bekannten Gattung *Xenoboa,* 1953 von HOGE beschrieben, bestehen (wohin der Autor tendiert), harrt weiterer Aufklärung! – Jedenfalls bleibt *Boa constrictor* vorerst auf die Neotropis beschränkt!

6. Die Gattung *Boa* in der Neotropis (einschließlich der Antillen) – eine polytypische Art oder mehrere gut abgegrenzte Spezies?

Eine Frage, die bisher noch nicht befriedigend zu entscheiden ist, denn auf dem Spezies/Subspezies-Niveau von *Boa constrictor* herrscht völlige Ungewißheit!

Das unter 4.5 beschriebene riesige Verbreitungsgebiet der Abgottschlangen nördlich und südlich des Äquators und ihre Eroberung vielfältigster Lebensräume lassen eigentlich erwarten, daß das Taxon *Boa* – durch unterschiedliche Selektionsmechanismen in den diversen Lebensräumen – in sehr vielfältigen Erscheinungs- und Anpassungsformen auftritt. Eine systematische Bearbeitung sollte daher genügend Angriffspunkte finden, die angetroffenen *Boa*-Populationen klar zu fassen, eindeutig zu beschreiben und sauber gegeneinander abzugrenzen. Dem steht jedoch unglaublicherweise die erst punktuell erfolgte wissenschaftliche Sammlungstätigkeit und nachfolgende taxonomische Aufarbeitung im Gesamtkomplex *Boa constrictor* gegenüber. Abgottschlangen waren bereits im 17. Jahrhundert bekannt, und die ersten Formen wurden schon von LINNAEUS (1758) wissenschaftlich relevant beschrieben. Im 19. und 20. Jahrhundert führten zahllose wissenschaftliche Expeditionen in das Verbreitungsgebiet der Abgottschlangen und in der Folge wurden regelmäßig neue *Boa*-Taxa eingeführt. Trotzdem scheint das ganze Potential an unterscheidbaren Abgottschlangen-Einheiten noch lange nicht erfaßt zu sein. 1983 und jüngst 1991 wurden die aktuellsten, bis dahin noch unbekannten, Abgottschlangen-Formen publik gemacht. Deshalb kann die Bestandsaufnahme hier im Jahre 1993 nur eine Momentaufnahme in einem sich noch in Bewegung befindenden taxonomischen Wachstums- und Wandlungsprozeß sein.

Eine Frage von grundsätzlicher Bedeutung ist die Einstufung der bisher bekannten *Boa*-Taxa. Sie wird wesentlich davon beeinflußt, wie verschieden Populationen voneinander sein müssen/können, bevor man sie taxonomisch erfaßt (75% Verschiedenheit für Anerkennung als Subspezies, 100% Verschiedenheit bei vollem Artrang; zu einer näheren Erörterung dieser Klassifizierungsmethodik siehe in PRICE & RUSSO, 1991; FROST & HILLIS, 1990; SMITH, 1990).

Das große Abgottschlangen-Verbreitungsgebiet ist durch zahlreiche Halbinseln und Inseln, im Festlandsbereich vor allem durch mannigfache Gebirgsbildungen unterteilt. Geographische Isolationsmechanismen konnten in verschiedenen Intensitäten wirksam werden und lassen erwarten, daß im Laufe der Zeiten ausreichend gut getrennte und unterscheidbare *Boa*-Taxa entstanden sind. Insbesondere in den schwer zugänglichen Gebieten (z. B. ozeanischen Inseln, isolierten Urwaldinseln, isolierten Bergregionen etc.) konnten sich versprengte *Boa*-Populationen abgesondert vom ursprünglichen Genpool eigenständig entwickeln. Dann ist es eigentlich nur noch eine Frage der Zeit, bis sich auch im Phänotypus genügend unterschiedene und anerkennenswerte taxonomische *Boa*-Einheiten entwickelt haben.

Auf den kleinen Antillen z. B. hat die Isolation der dort vor Urzeiten „gestrandeten" Abgottschlangenformen bereits lange genug gedauert, um von den Festlandformen deutlich unterschiedene „eigene" Abgottschlangen hervorzubringen. Sind diese Inselboas noch Unterarten der Festlandsboas oder bereits eigenständige Arten? Diese entlegenen Inselformen können sich unter natürlichen Bedingungen – mangels Gelegenheit – wohl kaum mehr mit den Festlandboas kreuzen und repräsentieren einen isolierten gut geschützten Genpool. Zudem zeigen sie einige Merkmale (z. B. die Anzahl der ventralen Bauchschuppen), die „bereits" außerhalb der Variationsbreite der Festlandboas liegen. Deswegen könnte man für sie durchaus eine Eigenständigkeit in jeweils eigene *Boa*-Arten vertreten. Andererseits sind sie in ihren übrigen Merkmalen noch so charakteristische Abgottschlangen und im Erscheinungsbild von „typischen" *Boa constrictors* nicht mehr verschieden als manch andere Festlandsformen auch. So sind sie ebenso begründet noch in der Spezies *Boa constrictor* zu belassen. Hier können eigentlich erst vergleichende biochemische und genetische Analysen Klarheit bringen. Oder auch nicht. Es wird darauf ankommen, ob man mit so hervorragenden methodischen Ansätzen wie Karyotyp-Vergleichen oder Enzym-Elektrophoresen bei Abgottschlangen überhaupt Angriffspunkte findet.

Somit bleibt *Boa constrictor* vorerst eine polytypische Art, die vom nördlichen Mexiko bis ins nördliche Argentinien einschließlich der Kleinen Antillen verbreitet ist.

7. Die Unterarten von *Boa constrictor*

Die innerartliche Gliederung von *Boa constrictor* ist strittig. Bisher erfolgte weder eine vergleichende Bearbeitung des vorhandenen Sammlungsmaterials noch eine befriedigende Revision der taxonomischen Einheiten, die unter dem Namen *Boa constrictor* zu Recht geführt werden dürfen. Die Anzahl der Untereinheiten von Abgottschlangen fällt deshalb bei den verschiedenen Autoren nicht einheitlich aus.

Selbst der Gattungsname *Boa* geriet ins Wanken, als STULL (1932, 1935) für unsere Abgottschlangen die Gattung *Constrictor* beanspruchte und *Boa* nur noch für die heutige Gattung *Corallus* gelten lassen wollte. Ein Irrtum, der durch FORCART (1951) zwar wieder korrigiert wurde, aber dennoch nicht verhindern konnte, daß insbesondere im anglikanischen Schrifttum die Abgottschlangen bis in die heutige Zeit immer noch unter dem invaliden Gattungsnamen *Constrictor* geführt werden.

Ein Gesamtbild der Art *Boa constrictor* besteht noch lange nicht und ist auch in absehbarer Zeit kaum zu erwarten, da aus dem riesigen Verbreitungsgebiet (von PRICE & RUSSO, 1991 mit über 6 Millionen Quadratmeilen angegeben) bisher erst punktuelle Aufsammlungen wissenschaftlich bearbeitet werden konnten. Die Untersucher von Abgottschlangen-Populationen aus bisher noch fremden Regionen innerhalb des Verbreitungsgebietes von *Boa constrictor* müssen deshalb in Versuchung geraten, ihre jeweiligen Abgottschlangen – bei denen es sich vielleicht „nur" um Übergangsformen kontinuierlich ineinander übergehender Populationen handelt – als neue Einheiten zu beschreiben. So haben zuletzt LANGHAMMER (1983) und PRICE & RUSSO (1991) ihre beiden anscheinend noch nicht erfaßten *Boa constrictor*-Populationen gleich zu neuen Unterarten erhoben *(melanogaster* und *longicauda)*. Es ist leider zu erwarten, daß unsere Abgottschlangen noch lange Zeit in dieser Ungewißheit leben und ständig damit rechnen müssen, daß neben ihnen neue Einheiten „entstehen" und auch wieder „verschwinden" werden.

Die Arten- und Unterartenlisten von STIMSON (1969) und PETERS & OREJAS-MIRANDA (1970/1986) als derzeit immer noch repräsentativste Referenzwerke für *Boa constrictor* haben sich auf folgende acht Abgottschlangen-Untereinheiten „geeinigt": *B. c. amarali, constrictor, imperator, nebulosa, occidentalis, orophias, ortonii, sabogae. B. c. sigma* wird in beiden Zusammenstellungen in die Synonymie von *B. c. imperator* gestellt. – Demgegenüber verbannt ein moderner Bearbeiter der Boas, LANGHAMMER, 1983, die von nahezu allen „Spezialisten" anerkannten Subspezies *B. c. sabogae* und *B. c. ortonii* in die Synonymie von *B. c. imperator,* belebt dagegen die zuvor abgeschriebene *B. c. sigma* wieder und führt mit *B. c. melanogaster* eine neue (valide?) Unterart ein. Damit kommt auch LANGHAMMER auf die „magische" Zahl von acht *Boa constrictor*-Subspezies, die man im derzeitigen Schrifttum noch am häufigsten erwähnt findet.

1991 wurde mit *B. c. longicauda* durch PRICE & RUSSO der derzeit „jüngste Sproß" des Abgottschlangen-Geschlechts aus der Taufe gehoben. Andererseits weisen diese Autoren auf die erheblichen taxonomischen Mängel in der Neubeschreibung von *B. c. melanogaster* durch LANGHAMMER (1983) hin und ziehen die Legitimität von B. c. melanogaster in Zweifel.

Vor diesem chaotisch erscheinenden Hintergrund und dem Mangel an eindeutigen Ordnungsprinzipien bleibt es auch weiterhin eine Ermessensfrage, wo man die innerartlichen Trennungslinien bei den Abgottschlangen ziehen will.

PRICE & RUSSO (1991) weisen auf die Schwierigkeiten der Anwendbarkeit der verschiedenen taxonomischen Arbeitsmethoden – projiziert auf *Boa constrictor* – hin. Auf ihre Stellungnahme wird hier ausdrücklich verwiesen.

Nach den aus der Literatur entnommenen Daten und ihrer subjektiven (!) Gewichtung werden hier 11 Unterarten von *Boa constrictor* aufgeführt. Diese Festlegung erfolgt aber mit der Option auf weitere zukünftig anerkennenswerte Einheiten. Unter diesen hat sich z. B. eine von vielen Herpetologen und Terrarianern bereits als „Boa constrictor mexicana" aus dem Norden des Verbreitungsgebietes, d. h. dem „Territorium" von *B. c. imperator,* geführte, düster gefärbte Form schon sehr deutlich zu erkennen gegeben. Eine weitere „Morphe" von *B. c. imperator* geistert bereits als „Hog Island Phase" in Liebhaberkreisen herum und verlangt nach systematischer Anerkennung.

Weitere taxonomische Einheiten von *Boa constrictor* sind im Bereich der Guayanas und Venezuelas zu erwarten. Aus diesem Bereich werden bereits unterschiedliche Färbungsvarianten mit wertlosen Trivialnamen belegt wie „Surinam-Rotschwanzboa", „Guyana-Rotschwanzboa" etc. Auch der „wissenschaftlich" daherkommende Name *„Boa constrictor rubricauda"* für diese Rotschwanzboas entbehrt jeglicher wissenschaftlichen Anerkennung, zeigt aber klar den taxonomischen Notstand und dringenden Handlungsbedarf auf.

Der endgültige Schiedsspruch über die tatsächlich existierenden taxonomischen Einheiten von *Boa constrictor* wird erst mit den verfeinerten Methoden biochemischer und genetischer Analysen der zu beurteilenden Formen an einem flächendeckenden Untersuchungsmaterial zu fällen sein. Nach der Auffassung des Autors reichen die bisher herangezogenen äußeren Merkmale wie Schuppenzahlen, Zeichnungscharakteristika etc. als Ordnungskriterien alleine nicht mehr aus, die Abgottschlangen-Einheiten zufriedenstellend zu klassifizieren.

Ohne Kenntnis der geographischen Herkunft einer *Boa constrictor*-Population ist es derzeit nicht möglich, sie – abgesehen von einigen charakteristischen und stabilen Phänotypen – den bestehenden Taxa immer zweifelsfrei zuzuordnen. Einen Bestimmungsschlüssel (auf der Basis von Schuppenzahlen oder Zeichnungsmustern allein) zum gegenwärtigen Zeitpunkt aufzustellen, wäre eine Vorspiegelung falscher Tatsachen. So weit sind wir noch nicht.

Die in Rede stehenden 11 Subspezies werden hier in drei Komplexe oder Gruppen zusammengefaßt – wobei der Andenkette als einer Art „systematsicher Wasserscheide" fundamentale Bedeutung zukommt –: die Imperator-Gruppe, die Constrictor-Gruppe und die Antillen-Gruppe. Dabei wird unterstellt, daß jede der drei Gruppen in der Isolation von den anderen eine mehr oder weniger lange andauernde gesonderte Evolution durchlaufen hat. Inwieweit es sich bei diesen drei Gruppen tatsächlich um natürliche Einheiten handelt, die jeweils aus einer eigenen Ahnenform hervorgegangen sind und deshalb untereinander engere verwandtschaftliche Bande zeigen müssen als zu den Gliedern der anderen Gruppen, bedarf noch der endgültigen Bestätigung. Die Dreiteilung der Abgottschlangen dient hier zwar nur als Arbeitshypothese. Sie findet aber bereits eine gewisse Bestätigung in solchen äußeren Kennzeichen wie den dorsalen Schuppenreihen oder den ventralen Bauchschildern (vergl. Tab. 1). Die Abfolge der als Subspezies aufgeführten Einheiten erfolgt innerhalb der drei Komplexe jeweils nach ihrer Verbreitung von Norden nach Süden. Damit soll aber keine Ausbreitungsrichtung von einem etwaigen Entstehungszentrum der Abgottschlangen vom Norden aus suggeriert werden. Im Gegenteil. Nach derzeitigem Kenntnisstand dürften die Abgottschlangen aus einem südamerikanischen Entstehungszentrum nach Mittelamerika hochgewandert sein.

Ausführliche Synonymie-Listen finden sich in STIMSON (1969) und PETERS & OREJAS-MIRANDA (1970).

Im Gegensatz zur abgebildeten „Hog-Island-Phase" von *B. c. imperator* sind die anderen Populationen dieser Unterart ohne Fundortangaben nur schwer oder gar nicht einzuordnen. Foto: H. Bosch

7.1 Die Imperator-Gruppe

In der Imperator-Gruppe sind alle Abgottschlangen vereint, die nördlich und westlich der Andenkette vorkommen (– aber nicht die rezenten Vertreter auf den Kleinen Antillen). Ihr Verbreitungsgebiet reicht von ca. 30 ° Nördlicher Breite bis ca. 9 ° Südlicher Breite an der südamerikanischen Pazifikküste. Die aus dem Schuppenkleid abzunehmenden Merkmale sind in Tab. 1 zusammengestellt.
Im Vergleich mit den Abgottschlangen der Constrictor-Gruppe zeichnen sich die typischen *B. c. imperator* durch weniger dorsale Schuppenreihen und mehr dunkle Sattelflecke auf dem Rücken aus: 56 bis 79 dorsale Schuppenreihen und meist mehr als 22 Sattelflecke zwischen Kopf und Kloake. Diese mittelamerikanischen und auf den Nordwesten Südamerikas beschränkten Boas werden selten länger als 2,5 m und bleiben kleiner als ihre östlich der Anden verbreiteten Artgenossen. Die einzelnen Formen haben sich an eine Vielzahl heterogenster Lebensräume angepaßt.

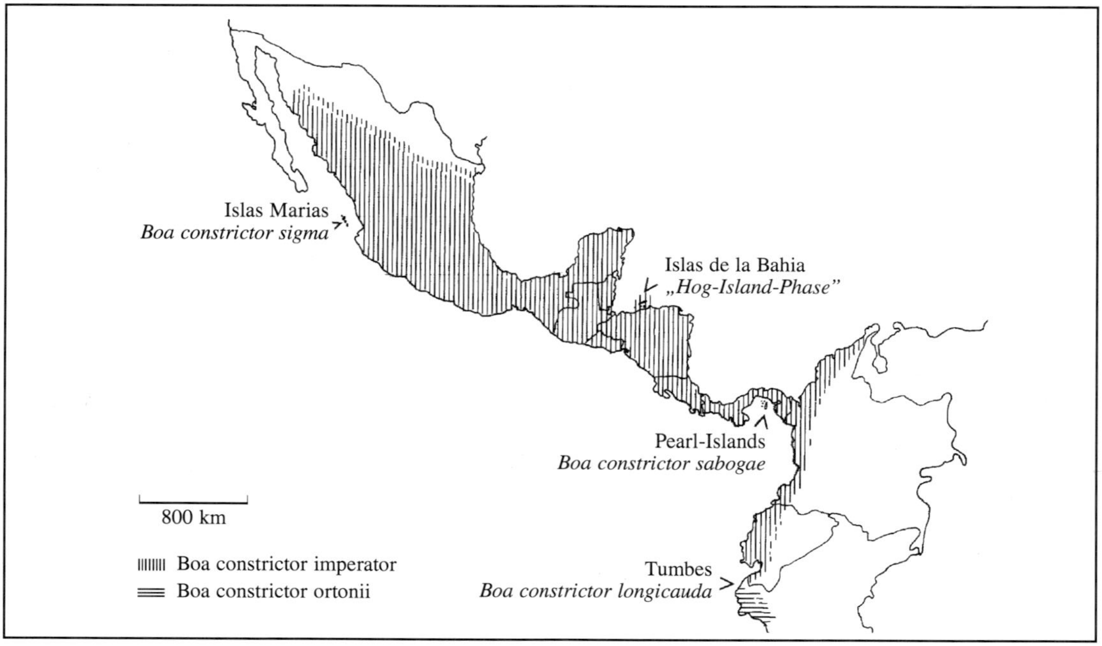

Abb. 9: *B. c. imperator* ist über Süd- und Mittelamerika verbreitet. Gut zu erkennen ist der im Gegensatz zu vielen *B. c. constrictor*-Formen gedrungen erscheinende Kopfbereich. Foto: R. Heselhaus
Abb. 10: Dieses Jungtier von *B. c. imperator* stammt aus Nicaragua. Foto: M. Schmidt
Abb. 11: Farblich hebt sich die „Hog-Island-Phase" von *B. c. imperator* deutlich von den anderen *imperator*-Populationen ab. Die Benennung einiger der Atlantikküste von Honduras vorgelagerten Inseln als „Hog Islands" kommt aus dem Amerikanischen. Zahlreiche verwilderte Schweine auf diesen Eilanden haben ihnen ihren „Schweinenamen" eingebracht. Foto: M. Schmidt

9

10

11

12

13

7.1.1 *Boa constrictor imperator* DAUDIN, 1803 Kaiserboa, Imperatorboa

Verbreitung: Vom nördlichen Mexiko (Sonora) über Mittelamerika und den Nordwesten Südamerikas an der Pazifikküste bis nach Ecuador. – Das Vorkommen dieser Unterart auch noch an der Pazifikküste von Peru – wie in der bisherigen Literatur (STIMSON, 1969; PETERS & OREJAS-MIRANDA, 1970) beschrieben – wird von PRICE & RUSSO (1991) mangels Beweisen in Abrede gestellt.

Merkmale: Schuppenzahlen in Tab. 1. Diese Unterart erreicht im männlichen Geschlecht kaum 2 m, im weiblichen Geschlecht selten über 2,5 m und gehört damit zu den kleineren Boaformen. Die braunen dorsalen Sattelflecken sind im Normalfall zu einem kontinuierlichen dunklen Kettenmuster auf hellerem Grund verbunden.

Bemerkungen: In dem für eine einzige Subspezies sowohl von der Fläche als auch der Verschiedenheit der Lebensräume überdimensioniert erscheinenden Verbreitungsgebiet sind bereits mehrere Populationen („Phasen") bekannt, die nach einer systematischen Eigenständigkeit verlangen.

Im Norden des Verbreitungsgebietes von *imperator* ist eine von vielen Herpetologen und Terrarianern bereits als *„Boa constrictor mexicana"* geführte Form zu Hause, die sich vor allem durch ihre geringe Größe und eine düstere Färbung von den typischen *B. c. imperator* abhebt. Über die Schuppenzahlen dieser *„mexicana"*-Form ist nichts bekannt. Sie harrt einer wissenschaftlich relevanten Bearbeitung.

Abb. 12: Diese Variante einer *B. c. imperator* kommt aus Honduras. Foto: H. Bosch

Abb. 13: Diese Jungtiere von „Hog-Islands-Boas" stammen aus demselben Wurf. Sie geben einen Eindruck von der Variabilität einer Population. Foto: H. Bosch

Eine bereits 1863 von JAN beschriebene *Boa diviniloquax var. mexicana* ist offenbar nach einem aberranten Einzelexemplar mit nur 55 dorsalen Schuppenreihen beschrieben worden. Sowohl STIMSON (1969) als auch PETERS & OREJAS-MIRANDA (1970) haben diese Subspezies deshalb nicht anerkannt und in die Synonymie von *Boa constrictor imperator* gestellt, da sie in allen anderen relevanten Merkmalen mit *imperator* übereingestimmt haben soll. Bevor die Subspezies *Boa constrictor mexicana* reanimiert werden kann, muß zunächst überprüft werden, ob diese aus dem Norden des Verbreitungsgebietes von *Boa constrictor imperator* bekannten düsteren Abgottschlangen zu der von JAN (1863) beschriebenen *„var. mexicana"* gehören. Wenn es sich dagegen um eine eigenständige Form handeln sollte, kann sie nicht unter dem Unterartnamen *„mexicana"* geführt werden.

Weiter im Süden, auf einigen der Atlantikküste von Honduras vorgelagerten Inseln (Islas de la Bahia und Cayos Cochinos) kommt eine durch ihre fahle Zeichnung von den typischen Imperators deutlich unterschiedene, in Herpetologenkreisen als „Hog-Island-Phase" titulierte Abgottschlangenform vor, deren Name aber nur noch wenig Abgöttisches birgt, handelt es sich doch um die Phase von den Schweineinseln. Bisher sind im Schrifttum erst einige zaghafte Versuche unternommen worden, sie durch Abbildungen hoffähig zu machen (z. B. COBURN, 1991). Auch auf diesen Abbildungen wird deutlich, daß die „Hog-Island-Boas" etwas Eigenes darstellen.

Das kettenförmige Sattelfleckenmuster auf dem Rücken erscheint auf hell sandfarbenem Grund nur wenig dunkler, ins Beige gehend, aufgeprägt. In den großen hellen ovalen Rückenflecken sind hervorstechende dunkelbraun gefärbte Schuppen eingestreut. Es ist eine im Phänotypus im Vergleich zu den typischen kontrastreich gezeichneten Abgottschlangen nahezu monochrom „milchkaffeefarben" erscheinende Form. Sie dürfte mehr sein als nur eine Farbphase und verlangt durch ihre von allen anderen Boas unterschiedliche Färbung nach einer systematischen Anerkennung. Über die Schuppenzahlen dieser speziellen Boaform liegen jedoch noch keine Erkenntnisse vor, so daß ihr möglicher Abstand von imperator unbekannt bleibt.

Taxonomische Wertung: Eine bei allen Boa-Taxonomen unumstrittene Subspezies, ohne daß man über ihre wirkliche „Größe" bereits

Die „Hog-Island-Boa". Foto: M. Schmidt

Bescheid wüßte. Ihr unumstrittener Unterart-Bonus wird jedoch nicht verhindern können, daß sie wahrscheinlich Terrain abgeben muß an derzeit noch in ihr „versteckten" taxonomischen Einheiten wie z. B. den „Abgottschlangen von den Schweine-Inseln".

Bei diesem Tier handelt es sich mit hoher Wahrscheinlichkeit um den Vertreter einer eigenständigen Population, die in den trockeneren Gebieten Mexikos lebt und im Handel gelegentlich als *„B. c. mexicana"* angeboten wird. Sie erreicht kaum eine Länge von 2 m. Foto: M. Schmidt

7.1.2 *Boa constrictor sigma* SMITH, 1943 Sigmaboa

Verbreitung: Nur Inselgruppe der Islas Marias (der mexikanischen Pazifikküste zwischen dem 21. und 22. Nördlichen Breitengrad im Abstand von etwa 100 km vorgelagert).
Merkmale: Schuppenzahlen in Tab. 1.
Bemerkungen: Nahezu unbekannte Inselpopulation(-en?), 1943 von SMITH von Maria Madre, der größten der Islas Marias beschrieben. Bis heute – soweit aus der Literatur zu entnehmen war – nur in neun Museumsexemplaren bekannt!
Wann Abgottschlangen vom Festland auf diese Inseln gekommen sind, bleibt im Dunkeln. Während der großen Vereisungsphasen (zuletzt vor über 10.000 Jahren) lag der Meeresspiegel nach derzeitigen Erkenntnissen über 100 m tiefer als heute, die Islas Marias damit so nahe am Festland, daß sie für Kolonisationen leichter zugänglich waren. Daß diese Abgottschlangen in der nachfolgenden geographischen Isolation der abgelegenen Inseln eine Eigenentwicklung (bis zur Eigenständigkeit?) durchlaufen haben, ist bisher nur in wenigen Merkmalen festzustellen gewesen. So liegt insbesondere die Anzahl der ventralen Bauchschilder von *B. c. sigma* außerhalb (= höher) der Variationsbreite der Festlands-Imperators, die anderen Schuppenzahlen passen aber „noch" in das *B. c. imperator*-Schema. Aufgrund des heutigen isolierten Vorkommens wird unterstellt, daß die Abgottschlangen der Islas Marias vom Genaustausch mit ihrer festländischen Stammform abgekoppelt sind und ihre Anerkennung als eigene Subspezies zu Recht erfolgt.
Taxonomische Wertung: Auch bei wohlwollender Betrachtung bleibt der taxonomische Status von *B. c. sigma* unsicher, vor allem auch wegen des geringen Bekanntheitsgrades dieser Form. Während ZWEIFEL (1960), STIMSON (1969), PETERS & OREJAS-MIRANDA (1970) und LANGHAMMER (1983) ihre Verbannung in die Synonymie von *B. c. imperator* vertreten, bestehen STULL (1963) und SMITH (1963) nachdrücklich auf ihrer Anerkennung und Beibehaltung (in LANGHAMMER, 1983). In mehreren modernen Zusammenstellungen (z. B. OBST, RICHTER & JACOB, 1988; COBURN 1991) wird *Boa constrictor sigma* nicht erwähnt. Erst zukünftige Untersuchungen werden vielleicht offenbaren können, wie verschieden *B. c. sigma* von der Festland-Stammform wirklich geworden ist und ihren Subspeziesrang zu Recht beansprucht oder endgültig in der Synonymie von *Boa constrictor imperator* verschwinden muß.
Die immer wieder im Handel auftauchenden, als *Boa constrictor sigma* ausgewiesenen Abgottschlangen haben mit dieser Subspezies nichts zu tun. Es handelt sich bei diesen Tieren vielmehr um die bisher noch als „Hog-Island-Phase" von *Boa constrictor imperator* einzuordnenden Abgottschlangen von den der Atlantikküste von Honduras vorgelagerten „Hog Islands", die geographisch mit den pazifischen Islas Marias nun wirklich nichts zu tun haben können! Es liegen keinerlei Erkenntnisse vor, nach denen wirkliche Sigmaboas jemals in europäische Museen oder gar Terrarianerhände zur Überprüfung gelangt wären. Ebenso fehlen jegliche Angaben über den aktuellen Zustand dieser insulären Boa-Population(en) in ihrem natürlichen Verbreitungsgebiet.

7.1.3 *Boa constrictor sabogae* (BARBOUR, 1906) Sabogaboa, Pearl-Island-Boa

Verbreitung: Saboga-Island, Pearl-Islands, Golf von Panama

Merkmale: Schuppenzahlen in Tab. 1. Undeutliches, verwaschen erscheinendes Abgottschlangenmuster auf dunkel-rotbrauner Grundfarbe (und damit von anderen *Boa*-Populationen deutlich unterschieden).

Bemerkungen: Eine Inselform aus dem Golf von Panama mit noch ungeklärter Verbreitung auf den der Küste im Abstand von weniger als 100 km vorgelagerten Inseln der Pearl-Island-Group. Alleine nach den Schuppenzahlen ist sie von Festlandspopulationen von *Boa constrictor imperator* nicht zu unterscheiden. Der Autor folgt hier den Vorschlägen von STIMSON (1969), PETERS & OREJAS-MIRANDA (1970) und VANZOLINI (1986). Auch er hält das Merkmal der anderen Grundfärbung für ausreichend genug, *B. c. sabogae* als Unterart zu betrachten. Von PRICE & RUSSO (1991) wird die Entfernung von Saboga-Island vom Festland nicht für ausreichend gehalten, um eine reproduktive Isolation von den Festlandsboas in Panama aufrecht zu erhalten.

Taxonomische Wertung: Der taxonomische Status dieser bei den meisten Herpetologen nur vom Hörensagen bekannten Abgottschlangenform ist umstritten und bedarf dringend der Bestätigung. Nach STULL (1964, in LANGHAMMER, 1983) ist *B. c. sabogae* von aberrant gefärbten Festlandsformen nicht zu unterscheiden. Sie stellt deshalb *B. c. sabogae,* ebenso wie LANGHAMMER (1983) in die Synonymie von *Boa constrictor imperator.*

7.1.4 *Boa constrictor longicauda* PRICE & RUSSO, 1991 Langschwanzboa

Verbreitung: Tumbes-Provinz, Nordperu, 4 ° Südliche Breite

Merkmale: Schuppenzahlen in Tab. 1. Eine insgesamt dunkel erscheinende, kontrastreich im typischen Abgottschlangenmuster gezeichnete Boa. Kopf und Körperseiten des vorderen Körperdrittels adulter Tiere in überwiegend grauer Grundfärbung. Markante schwarze speerspitzenförmige Zeichnung auf der Kopfoberseite mit deutlichen Ausläufern in Augenhöhe. Dicker schwarzer Voraugenstreifen. Erwachsene Tiere haben keine Rottöne im Schwanzbereich. Nach den Autoren weist diese *Boa*-Population – im Vergleich zur Körperlänge – den längsten Schwanzteil aller Artgenossen auf, der bei den Weibchen 11,1 bis 12 Prozent der gesamten Körperlänge, bei den Männchen sogar 12,8 bis 14,8 Prozent ausmacht (deutlicher Geschlechtsdimorphismus). Bei den Männchen umfaßt die Hemipenisanlage 36 bis 40 Subcaudalia. Im ausgefahrenen Zustand mißt ein Hemipenis ca. 22 cm (womit die Maximalwerte innerhalb von *Boa constrictor* ausgewiesen wären!). Die Männchen werden ab ca. 1,5 m Länge geschlechtsreif. Beide Geschlechter werden in Einzelfällen über 2,8 m lang (alle Angaben nach PRICE & RUSSO, 1991).

Bemerkungen: Nach den bisher vorliegenden Erkenntnissen – die nur auf der Erstbeschreibung beruhen – ist *B. c. longicauda* auf ein kleines isoliertes Küstenregenwaldgebiet im Norden Perus beschränkt, nach Norden, Osten und Süden durch die Andenbarriere abgeschnitten von direkten Kontakten zu den benachbarten *Boa*-Populationen des Festlandes (nach PRICE & RUSSO, 1991). Das Verhältnis der Schwanzlänge zur Gesamtkörperlänge ist bei den anderen Abgottschlangen-Populationen nicht ausreichend dokumentiert, das taxonomische Gewicht dieses Merkmals also noch nicht erkennbar. Die Hemipeneslängen der verschiedenen Untereinheiten von *Boa constrictor* sind bisher erst in Einzelfällen erfaßt. Somit ist auch dieses Merkmal vorerst noch nicht als taxonomisches Kriterium einsetzbar.

Taxonomische Wertung: Tiere dieser Tumbes-Population von *Boa constrictor* sind nach PRICE & RUSSO (1991) angeblich erst seit 1987 bekannt (der Autor glaubt allerdings, solche Tiere schon Ende der 70er Jahre in Deutschland als Importtiere aus Peru gesehen zu haben!). In die Untersuchung sind insgesamt 10 Männchen und 10 Weibchen eingegangen, alle nur aus einem kleinen Gebiet um die Stadt Tumbes. Die Kriterien, die zur Abtrennung von den anderen *Boa constrictor*-Taxa herangezogen wurden, bedürfen deshalb noch einer Bestätigung an einem größeren Untersuchungsmaterial, bevor *B. c. longicauda* endgültig als eigene Einheit anerkannt werden kann. – Aufgrund der geographischen Isolation von *B. c. longicauda* und den bisher aus dem Rahmen von *Boa constrictor* fallenden Schwanz- und Hemipenes-Maßen fordern die Beschreiber PRICE & RUSSO für diese Unterart sogar vollen Artrang. Dieses Ansinnen erscheint dem Autor beim Anblick der *longicauda*-Abbildungen – die alle „nur" ganz typische Abgottboas mit kontrastreicher Zeichnung darstellen – vermessen zu sein! Im Gegenteil. Es sind noch die taxonomischen Entfernungen von der geographisch nach Süden anschließenden Subspezies *Boa constrictor ortonii* zu klären. In mehreren Merkmalen lassen sich deutliche Anklänge von *B. c. longicauda* an *B. c. ortonii* ausmachen. So besitzen *longicauda* und *ortonii* die geringste Anzahl von dorsalen Sattelflecken innerhalb der Imperator-Gruppe. Sie lassen in diesem einen Merkmal Ähnlichkeiten mit der Constrictor-Gruppe auf der anderen Seite der Anden erkennen.

7.1.5 *Boa constrictor ortonii* COPE, 1878 Peruboa, Ortons Boa, Westliche Boa („Peru-Rotschwanzboa")

Verbreitung: Nordwestliches Peru, zwischen ca. 4 ° und 9 ° Südlicher Breite bis in die Höhe von Libertad an der pazifischen Küste. – Damit die am weitesten südwestlich verbreitete Abgottschlange.

Merkmale: Schuppenzahlen in Tab. 1. Eine im Vergleich mit anderen Abgottschlangen sehr hell erscheinende Form. Fahl sandfarbene Grundfärbung. Nur ca. 15 bis 19 Sattelflecken, diese höchstens andeutungsweise zu Kettengliedern verbunden. Auf der Dorsalseite dominieren die großen ovalen Rückenflecken zwischen den Sattelflecken. Alttiere sind wenigstens im Kopfbereich silbrig blaugrau gefärbt, im Schwanzbereich dominieren dunkelrotbraune, schwarz gesäumte Rückenflecken. *B. c. ortonii* erreichen in Einzelfällen über 4 m Körperlänge.

Bemerkungen: COPE (1877) berichtet von Fundorten dieser Abgottschlangen aus einer Höhe von über 900 m. Es sind ausgesprochene Wüstentiere, die auch durch ihre kryptische Zeichnung an den Extrembiotop der trockenen, kaum bewaldeten, semi-ariden bis ariden Savannenebenen und Gebirgswüsten angepaßt sind. Sie sind in ihrem natürlichen Verbreitungsgebiet erheblichen Temperaturschwankungen ausgesetzt. Peruboas gehören deshalb zu den heikelsten Pfleglingen unter allen Abgottschlangen. Unter Terrarienverhältnissen sind ihre Ansprüche bedeutend schwieriger zu erfüllen als diejenigen der tropischen Regenwaldformen. Man sollte deshalb seinen Ehrgeiz zügeln und auf die Pflege dieser ausgesprochenen Wüstenboas nur Wert legen, wenn man ihre spezifischen Temperatur- und Feuchtigkeits-Parameter wirklich erfüllen kann (ein Studium der Klimatabellen des Herkunftsgebietes und deren Umsetzung in entsprechend simulierten Haltungsbedingungen sind eine Grundvoraussetzung).

Taxonomische Wertung: Selbst der Bestand dieser charakteristisch erscheinenden, an einen speziellen Lebensraum angepaßten Boa-

***B. c. ortonii* aus Peru.** Foto: H. Bosch

Form als eigene Unterart ist umstritten! – Während *B. c. ortonii* in den meisten seriösen Artenlisten und Zusammenstellungen von Riesenschlangen als gute Subspezies geführt wird, verbannen sie STULL (1964, in LANGHAMMER, 1983) und LANGHAMMER (1983) in die Synonymie von *Boa constrictor imperator,* da die Schuppenzahlen von *ortonii* innerhalb der Variationsbreite von typischen *imperator* liegen. – Ein dreistes Vorgehen, dem man sich nicht anschließen muß, da *B. c. ortonii* schon alleine durch ihre geringere Zahl an Sattelflecken immer klar von *B. c. imperator* zu trennen ist. Außerdem ist nur schwer einsehbar, warum diese südwestlichste aller Boapopulationen das Gleiche sein soll wie die an einen anderen Lebensraum adaptierten typischen *Boa constrictor imperator*-Formen Mittelamerikas, die 20 Breitengrade weiter im Norden verbreitet sind.

7.2 Die Constrictor-Gruppe

Die Constrictor-Gruppe nimmt alle Abgottschlangen auf, die östlich der Andenkette vorkommen (– aber nicht die Formen auf den Kleinen Antillen). Ihr Verbreitungsgebiet reicht von ca. 12 ° Nördlicher Breite (Trinidad und Tobago) über den Äquator und das gesamte Amazonien bis hinunter auf ca. 35 ° Südlicher Breite in den Pampas im Norden Argentiniens. Aus diesem unermeßlich groß erscheinenden Gebiet sind bisher erst drei bis

vier Subspezies wissenschaftlich anerkannt. Unter ihnen sind die größten Vertreter der Art mit über 5 m Länge vermessen worden. Auch in dieser Gruppe sind taxonomisch bisher noch nicht erfaßte Populationen verborgen (z. B. die diversen „Rotschwanzboas").
Von der Imperator-Gruppe sind sie – im Normalfall – unterschieden durch eine höhere Zahl dorsaler Schuppenreihen (75 bis 95) und weniger dorsale Sattelflecke (höchstens 21). Wie in der Imperator-Gruppe fallen auch in der Constrictor-Gruppe die südlichsten Vertreter durch ihre abweichenden Schuppen- und Sattelfleckenzahlen aus dem normalen „Gruppenrahmen" und zeigen in einzelnen Merkmalen sogar enge „Beziehungen" zu jeweils weit entfernten *Boa*-Formen der anderen Gruppe, mit denen über lange Zeiträume schon keine genetischen Verbindungen (mehr) bestehen können. Ein deutlicher Hinweis darauf, daß man bei Abgottschlangen alleine mit Schuppen- oder Sattelfleckenzahlen keine realen Verwandtschaftsbeziehungen erkennen und keine natürliche Taxonomie betreiben kann. Nur die Gesamtheit der zur Unterscheidung tauglichen Merkmale (hier ist insbesondere auch an den vermehrten Einsatz der biochemischen Parameter gedacht) wird die diversen Abgottschlangen-Einheiten erkennen und zutreffend gruppieren können. Ob man mit diesen zukünftigen Ergebnissen dann allerdings wird leben können?

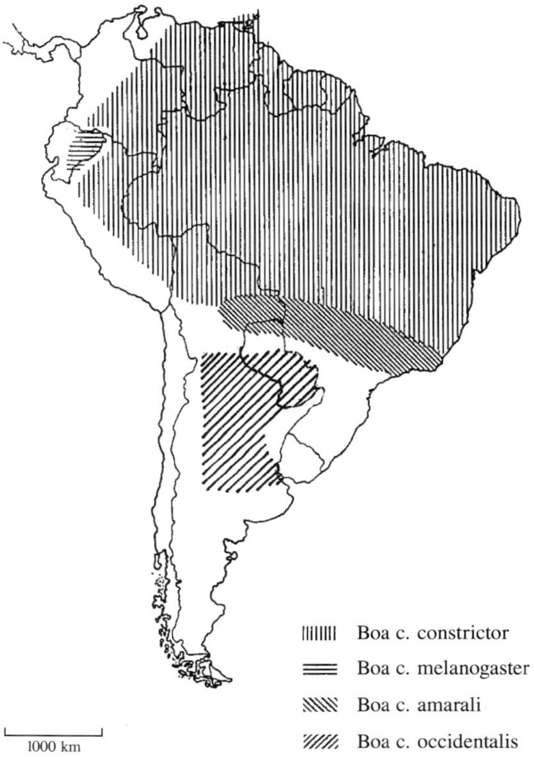

7.2.1 *Boa constrictor constrictor* LINNAEUS, 1758 Abgottboa, („Rotschwanzboas") Farbfotos S. 17-19

Verbreitung: Vom Norden Südamerikas (Venezuela) und den vorgelagerten Inseln Trinidad und Tobago über die Guayanas und das gesamte Orinoko-Amazonas-Gebiet bis nach Bolivien und das südliche Brasilien bewohnt diese Subspezies praktisch den ganzen Norden und die Mitte Südamerikas östlich der Anden.
Merkmale: Schuppenzahlen in Tab. 1. Mit deutlich ausgeprägten, braunen bis dunkelbraunen dorsalen Sattelflecken, die meist wie geschlossene Kettenglieder miteinander ver-

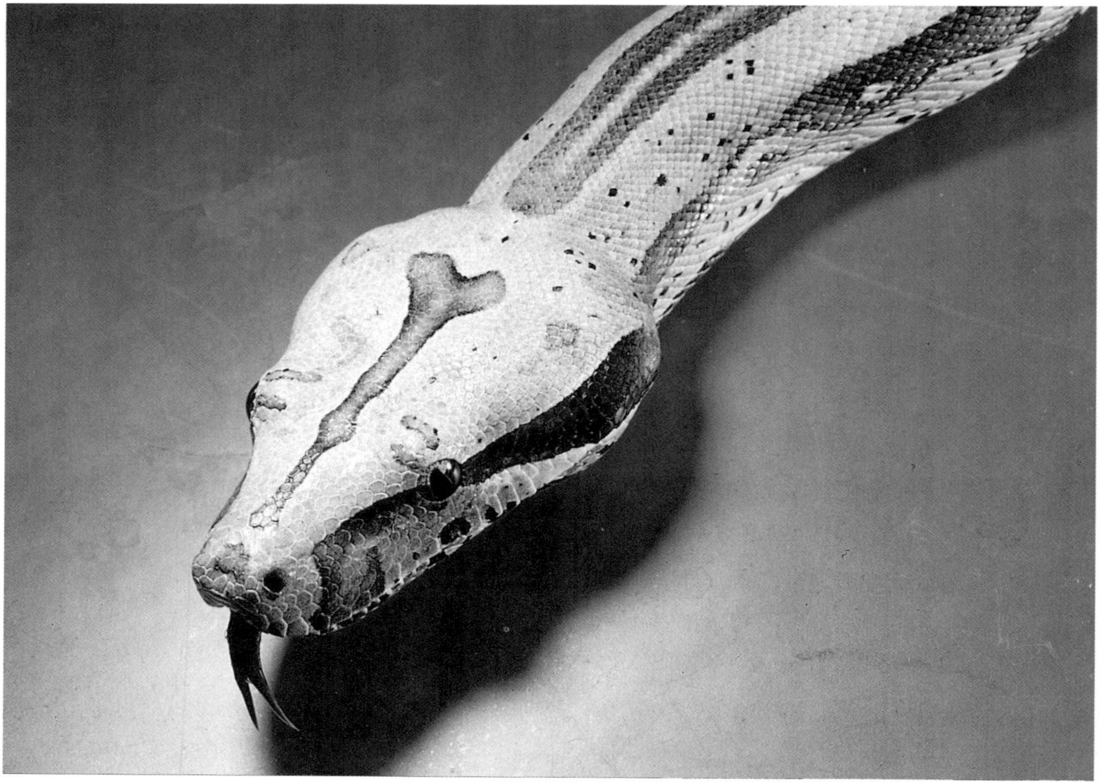

Portrait einer Farbvariante von *B. c. constrictor*. Foto: H. Bosch

bunden sind, aber auch als isolierte Halbringe auftreten können. Grundfärbung sehr variabel: gelblich, blassbraun, grau, blaßrosa oder auch in verschiedenen Rotnuancen. Meist, aber nicht immer, mit auffallend bunt gezeichneten Schwanzregionen (die diversen „Rotschwanzboas"), auch bei adulten Exemplaren. Bauchseite mit mehr oder weniger vielen schwarzen Flecken auf meist rahmfarbener Grundfarbe. Im Norden Südamerikas sind die massigsten und größten Boas zu finden. Die größte *B. c. constrictor* wurde in Trinidad vermessen.

Bemerkungen: Die unter diesem Unterartnamen zusammengefaßten Populationen, insbesondere die als sogenannte Rotschwanzboas bezeichneten Formen (oft unbekannter oder verfälschter geographischer Herkunft!) gehören zu den am schönsten gezeichneten Abgottschlangen und sind deshalb in Sammlerkreisen besonders begehrt. Als meist typische Waldbewohner mit ziemlich gleichbleibenden Umweltverhältnissen eignen sie sich besser als Terrarientiere als die in Extrembiotopen vorkommenden Formen.

Vergleicht man die diversen als *Boa constrictor* (sensu constrictor?) titulierten Abgottschlangen aus dem riesigen Verbreitungsgebiet, springen einem deutlich verschiedene „Farbschläge" ins Auge, über deren Schuppenzahlen und andere taxonomisch verwertbare Kriterien praktisch keine Daten verfügbar sind. Es sind wahrscheinlich auch weniger die Schuppenzahlen oder das Sattelfleckenmuster, worin sich die diversen „Phänotypen" unterscheiden, als vielmehr die unterschiedlichen Färbungen. Diese gilt es nun, definierten geographischen Verbreitungsgebieten zuzuordnen. So sind z. B. die diversen Abgottschlangen-Populationen mit rotbunt gefärbten Schwanzregionen von der Nordküste Südamerikas auch in der Grundfärbung unterschiedlich: „Rotschwanzboas" mit einer ins Lilafarbene gehenden Schuppenfärbung an den Körperseiten werden wahrscheinlich auf (Britisch) Guyana beschränkt sein, solche aus dem benachbarten Surinam (wenn die Herkunftsdaten stimmen) erscheinen dagegen an den Körperseiten mehr rosafarben. Die Population aus dem südlicher gelegenen brasilianischen Belem hat dagegen an den Körperseiten eine vergleichsweise schlichte bräunlichgelbe Färbung. Das Rot der Schwanzregionen kann bei den verschiedenen Populationen variieren zwischen einem hellen Orange über knallig Rot bis in ein dunkles Kastanienrotbraun. Ebenso vielfältig und variabel ist auch die dunkle Abgottschlangen-Musterung auf dem Rücken und an den Körperseiten. Sie entzieht sich in diesem Rahmen einer eingehenden Beschreibung.

Taxonomische Wertung: Als Subspezies, neben *B. c. imperator*, unumstritten. Unter ihren Fittichen ist aber eine noch unübersehbare Anzahl taxonomisch zu trennender Einheiten verborgen. Auch wenn diese diversen *constrictor*-Phänotypen nur wenig Gelegenheit zu einer konsequenten geographischen Isolation bekommen und sich – auch im natürlichen Lebensraum – fruchtbar kreuzen werden, muß ein Weg gefunden werden, die taxonomischen Abstände der diversen „Farbschläge" zu realisieren. Für diese vergleichende Aufgabe ist jedoch ein umfangreicheres Untersuchungsmaterial erforderlich. Die oft nur in wenigen Exemplaren unsicherer geographischer Herkunft beim Terrarianer gepflegten „Exoten" reichen hierfür nicht aus. Vorerst müssen alle diese „bunten Vögel" leider noch in der „Riesen-Subspezies" *Boa constrictor constrictor* zusammengezwängt werden!

7.2.2 *Boa constrictor melanogaster* LANGHAMMER, 1983 Schwarzbauchboa

Verbreitung: Ostabhang der Anden in Ecuador.

Merkmale: Schuppenzahlen in Tab. 1. Sehr kontrastreich gezeichnete, dunkel erscheinende Abgottschlange mit sehr regelmäßigem schwarzbraunen Kettenmuster (die 20 bis 21 Sattelflecken haben dabei, anders als die meisten anderen Abgottschlangen, keine hellen Innenbereiche) auf dunkel-graubeigefarbenem Grund. Bauchseite bei jugendlichen Exemplaren (noch) schwarz gefleckt. Dunkle Pigmentierung der Bauchseite nimmt mit zunehmendem Alter und vom Vorderende zum Hinterende bis zur völligen Schwarzfärbung zu. Im dorsalen Schwanzbereich schwarz gesäumte, mahagonirote Flecken. – Nach LANGHAMMER soll diese Subspezies durch die höchste Anzahl dorsaler Schuppenreihen ausgezeichnet sein (86 bis 94). Große Exemplare (über 3 m Länge) neigen zu einer einheitlichen Dunkelfärbung.

Bemerkungen: Weder das genaue Verbreitungsgebiet noch die Variationsbreite der aufgeführten Schuppenzahlen sind bisher befriedigend erfaßt. LANGHAMMER vermutet, daß seine *B. c. melanogaster* nach Norden, Osten und Süden in das „Niemandsland" des bisher *Boa constrictor constrictor* zugedachten Gebietes hineindringt. Das einzig sichere Kriterium, *B. c. melanogaster* anzusprechen, ist die überwiegend schwarze Färbung der Bauchseite der Alttiere, die in diesem Ausmaß von anderen *Boa*-Populationen bisher noch nicht bekannt geworden ist. In den übrigen Merkmalen ist sie in der Constrictor-Gruppe nur mit *Boa constrictor constrictor* zu verwechseln, in die sie an den bisher noch unbekannten Grenzen ihres Verbreitungsgebietes übergehen dürfte.

Taxonomische Wertung: Eine durch zahlreiche Mängel der Originalbeschreibung und eine unbefriedigende Abgrenzung – insbesondere von ihrer wahrscheinlich nächstverwandten Form *Boa constrictor constrictor* – gehandicapte Form, die der Bestätigung bedarf. Mit hoher Wahrscheinlichkeit stellen diese Abgottschlangen der schwer zugänglichen Ostabhänge der Anden, die bisher noch weitgehend unbekannt sind, aber eine eigene Form dar (auch wenn sich die von LANGHAMMER gelieferte Artbeschreibung als invalide erweisen sollte). Die von LANGHAMMER (1983) aufgestellte Behauptung, alle *constrictors* mit mehr als 88 dorsalen Schuppenreihen seien unerkannte *melanogaster*-Formen, wurde von PRICE & RUSSO (1991) eindrucksvoll widerlegt. So bleibt als bisher einziges brauchbares taxonomisches Kriterium für diese *„melanogaster*-Form" die weitaus intensiver schwarz pigmentierte Bauchseite aller bisher bekannten Abgottschlangen. Dieses Merkmal muß jedoch noch in den benachbarten Regionen von *B. c. melanogaster* auf seine taxonomische Eignung überprüft werden, bevor hier eine Bewertung vorgenommen werden kann.

7.2.3 *Boa constrictor amarali* (STULL, 1932) Amarals Boa

Farbfotos S. 20

Verbreitung: Südöstliches Bolivien, südliches und südwestliches Brasilien (von den Staaten Mato Grosso und Goiaz südlich bis Sao Paulo).

Merkmale: Schuppenzahlen in Tab. 1. Grundfärbung grau. Abgottschlangenmuster reduziert auf unregelmäßig geformte braune Sattelflecken-Halbringe. Bauchseite in einem „Flechtenmuster" unterschiedlich intensiver Grautöne. Dorsal- und Ventralseite von zahlreichen kleinen schwarzbraunen Punkten übersät.

Bemerkungen: Eine aus dem normalen Abgottschlangenrahmen fallende Boa mit unverwechselbarer Zeichnung. Bei uns kaum be-

B. c. amarali. Foto: M. Schmidt

kannt, in der Literatur selten aufgeführt und meist nur mit einem Foto vorgestellt.
Taxonomische Wertung: Trotz ihres unverwechselbaren Zeichnungsmusters von einzelnen Autoren in die Synonymie von *Boa constrictor constrictor* gestellt. Ihr Subspeziesrang ist in seriösen Listen jedoch nicht in Frage gestellt.

7.2.4 *Boa constrictor occidentalis* PHILIPPI, 1873 Argentinische Boa

Farbfotos S. 55

Verbreitung: Paraguay und Argentinien zwischen Anden und Parana, südlich bis in die Provinzen San Luis und Mendoza auf ca. 35 ° Südlicher Breite.
Merkmale: Schuppenzahlen in Tab. 1. Grundfarbe braun bis dunkelbraun. Das Abgottschlangenmuster aus bis zu 30 Sattelflecken (damit höchste Sattelfleckenzahl in der Constrictorgruppe) erscheint verborgen und tritt weniger deutlich hervor als bei den anderen Boas. Die dunklen Flächen sind von hellen Schuppenreihen gesäumt. So entsteht ein Netzwerk hoher Komplexität, das den Schlangenkörper auch in der offenen Landschaft optisch verschwinden läßt. Bauchseite und Schwanzregion erscheinen dunkelbraun bis schwarz.
Bemerkungen: Die südlichste aller Abgott-

Portrait einer *B. c. occidentalis*. Foto: H. Bosch

schlangenformen. An ihrer dunklen Körperfärbung mit den hellen Schuppensäumen zuverlässig zu erkennen. Eine Schlange der offenen (Pampas-)Landschaft. Durch die weit nach Süden reichende Verbreitung ist diese Unterart an erhebliche jahreszeitliche Klimaschwankungen mit saisonalen Aktivitätszyklen angepaßt. Bei der Pflege in Menschenobhut sollte eine zwei- bis dreimonatige Abkühlungsphase (im Südwinter) durchgeführt werden (dies ist insbesondere für die südlichsten Populationen von Bedeutung). In Menschenobhut mehrmals mit anderen Abgottschlangenformen (z. B. *Boa constrictor constrictor*) verbastardiert. Aus dem Freiland sind Mischformen oder Bastarde mit benachbarten Populationen bisher noch nicht berichtet worden. Lebt vorwiegend von Vögeln.

Taxonomische Wertung: Status als eigene Subspezies unumstritten. Im Phänotypus keine näheren Affinitäten zu anderen Abgottschlangenformen erkennbar.

7.3 Die Antillen-Gruppe

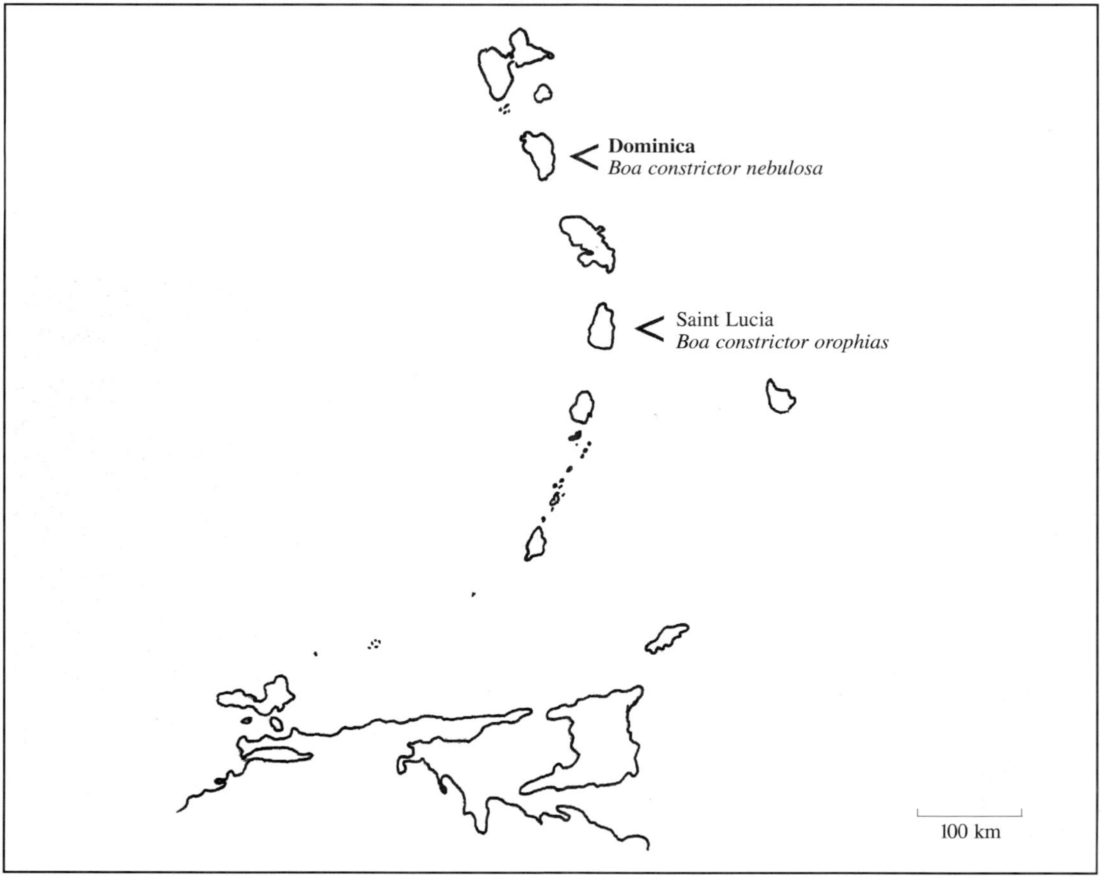

In der Antillengruppe sind die Abgottschlangen der Kleinen Antillen enthalten. Heute handelt es sich dabei nur noch um 2 reliktäre Inselformen auf weit auseinanderliegenden Inseln der Kleinen Antillen, Dominica und St. Lucia. Sie sind durch Martinique voneinander getrennt und Luftlinie ca. 150 km voneinander entfernt. Fossil werden Abgottschlangen auch von anderen Inseln der Kleinen Antillen berichtet. Deshalb ist davon auszugehen, daß Boas früher auf dieser Inselkette weiter verbreitet waren. Es ist strittig, zu welcher der beiden anderen Abgottschlangen-Gruppen nähere Affinitäten bestehen und von wo aus die Kleinen Antillen durch Abgottschlangen besiedelt wurden.
Nach den dorsalen Schuppenreihen bestehen eindeutige Anklänge an die Imperator-Gruppe westlich der Anden. Dadurch wird aber die Frage der Besiedelung der Kleinen Antillen durch Abgottschlangen nahezu unlösbar, denn diese Inselkette liegt praktisch „vor der Haustüre" der Constrictor-Gruppe.
Durch eine hohe Zahl an ventralen Bauchschilden (258-288), die weit außerhalb der Variationsbreite der anderen Abgottschlangen liegt (Ausnahme nur *Boa constrictor sigma* von den pazifischen Islas Marias), demonstrieren diese Inselboas eindrucksvoll ihre Eigenständigkeit.
Von verschiedenen Autoren wird deshalb und auch wegen ihrer heutigen geographischen Isolation Artrang für diese Antillen-Boas gefordert. Über Bastardierungen mit anderen *Boa*-Subspezies ist bisher nichts bekannt geworden.

7.3.1 *Boa constrictor nebulosa* (LAZELL, 1964) Dominicaboa

Farbfoto S. 56

B. c. nebulosa **von der Karibikinsel Dominica.** Foto: H. Bosch

Verbreitung: Dominica (Kleine Antillen).
Merkmale: Schuppenzahlen in Tab. 1. In verschiedenen Brauntönen marmoriert, wobei das Abgottschlangenmuster nur noch weitgehend „reduziert" auf die aus der Grundfärbung kaum mehr hervortretenden Sattelflecken in Erscheinung tritt. 32 bis 35 Sattelflecken (höchste Zahl aller Boas).
Bemerkungen: Der im angelsächsischen Sprachraum gebräuchliche Name für diese Inselboas, Clouded Boas (wobei clouded mit umwölkt, getrübt oder moiriert = geflammt zu übersetzen ist), trifft das Erscheinungsbild dieser Abgottschlangenform vortrefflich. Im Muster dieser Boas sind kaum klare Konturen auszumachen, die Strukturen erscheinen wie vernebelt und moiriert.
Die bisher vorliegenden Erfahrungen mit dieser Inselboa sagen ihr ein unberechenbares Temperament nach. Auch darin hebt sie sich von den im Alter meist umgänglichen Festlandformen ab.
Taxonomische Wertung: Eigenständigkeit unbestritten. Es kann in Erwägung gezogen werden, dieser separierten Inselform Artrang zuzugestehen.

7.3.2 *Boa constrictor orophias* LINNAEUS, 1758
St. Luciaboa

Farbfoto S. 56

Verbreitung: St. Lucia (Kleine Antillen).
Merkmale: Schuppenzahlen in Tab. 1. Sehr dunkel erscheinende Abgottschlange mit 25 bis 31 dunklen Sattelflecken auf nur wenig hellerem Grund. Bauchseite weißlich mit grauer bis schwarzer Fleckenzeichnung. Hat unter allen Abgottschlangen die höchste Anzahl ventraler Bauchschilder (258 bis 288).
Bemerkungen: Ebenso wie die Dominicaboa eine isolierte Inselform mit eigenem Merkmalskomplex. Bei uns sehr selten gehalten.
Taxonomische Wertung: Von nahezu allen Bearbeitern als eigenständige Einheit anerkannt. PRICE & RUSSO (1991) fordern aufgrund der insulären Isolation Speziesrang für beide Antillenformen.

B. c. orophias **von der Karibikinsel St. Lucia.** Foto: K. Bonny

Tab. 1 Die Unterarten von *Boa constrictor* im Vergleich
(in Anlehnung an LANGHAMMER, 1983, geändert und ergänzt)

	Unterart	Dorsale Schuppenreihen	Bauchschilde	Schwanzschilde	Anzahl Sattelflecken	Ausdehnung der Hemipenes in Subcaudalia
Imperator-Gruppe	*B. c. imperator*	61 – 79[1] 56 – 76[6]	225 – 252[1] 235 – 253[3]	47 – 65[1]	22 – 30[6]	23[9]
	B. c. sigma	77[6]	253 – 260[6]	55 – 60[6]	30[4]	
	B. c. sabogae	65 – 67[6]	242 – 247[2] 214 – 245[3]	49 – 70[2] 68[3]	—	
	B. c. longicauda	60 – 76[9]	243 – 247[9]	60 – 67[9] bei ♂ 50 – 54[9] bei ♀	19 – 21[9]	36 – 40[9]
	B. c. ortonii	57 – 72[6]	246 – 252[6]	46 – 59[6]	15 – 19[9]	14[9]
Constrictor-Gruppe	*B. c. constrictor*	81 – 95[1] 85 – 89[3] 81 – 87[6] 91 – 95[7] 75 – 91[8]	234 – 243[1] 234 – 250[3] 227 – 248[8]	49 – 60[1] 49 – 62[3] 52 – 60[8]	15 – 20[1] 20 – 21[6] 16 – 20[8]	27[9]
	B. c. melanogaster	86 – 94[6]	237 – 252[6]	45 – 54[6]	20 – 21[6]	28[9]
	B. c. amarali	71 – 79[6]	226 – 237[6]	43 – 52[6]	22 (oder mehr)	
	B. c. occidentalis	65 – 87[6]	242 – 251[6]	45[6]	22 – 30[6]	
Antillen-Gruppe	*B. c. nebulosa*	59 – 69[6]	258 – 273[6]	—	32 – 35[6]	
	B. c. orophias	65 – 75[6]	258 – 275[1] 270 – 288[6]	55 – 69[6]	25 – 30[1] 27 – 31[6]	

[1] BOULENGER, 1893
[2] BARBOUR, 1906
[3] STULL, 1932
[4] ZWEIFEL, 1960
[5] LAZELL, 1964
[6] LANGHAMMER, 1983
[7] CHIPPAUX, 1986
[8] LANCINI & KORNACKER, 1989
[9] PRICE & RUSSO, 1991

8. Haltung von Abgottschlangen in menschlicher Obhut

Abgottschlangen gehören historisch gesehen zu den am längsten in Gefangenschaft gehaltenen Schlangen. Bereits in einem „Tiergarten" des Aztekenkaisers Montezuma fanden die spanischen Eroberer zu Beginn des 16. Jahrhunderts Abgottschlangen vor (PETZOLD, 1984). In Deutschland werden Boas erstmals 1844 im Berliner Zoo gehalten. In Amerika sind sie seit 1875 in „America's First Zoo" in Philadelphia dokumentiert.

Wann die erste *Boa constrictor* in private Haltungsbedingungen nach Europa kam, dürfte sich wohl kaum mehr glaubhaft nachvollziehen lassen. Heute jedenfalls sind Abgottschlangen nicht nur unter den am häufigsten in Terrarien gepflegten Reptilien vertreten, sie sind bei uns auch die mit Abstand am häufigsten nachgezogenen Riesenschlangen. Dies wird aus einer Zusammenstellung deutlich, in der für die Jahre 1987 bis 1989 die alleine von Mitgliedern der DGHT (Deutsche Gesellschaft für Herpetologie und Terrarienkunde) nachgezogenen Abgottschlangen – im Vergleich mit den anderen häufig von privaten Reptilienhaltern nachgezogenen Schlangenformen – aufgelistet sind:

Nach den beliebten, problemlos zu pflegenden eierlegenden Kornnattern (Elaphe guttata) sind Abgottschlangen im deutschen Sprachraum die am erfolgreichsten nachgezogenen Schlangen überhaupt. Im Berichtsraum 1985-1987 wurden mehr als doppelt so viele Boas als Nachzuchten gemeldet wie Tigerpythons *(Python molurus)*. Da davon auszugehen ist, daß in dieser Nachzucht-Statistik nur ein Teil der alleine im Einzugsgebiet der DGHT nachgezogenen Abgottschlangen erfaßt ist (weil nur ein Teil der privaten Boa-Liebhaber ihre Nachzuchten in dieser Umfrage angegeben haben), muß eine erheblich höhere „Dunkelziffer" alleine im deutschen Sprachraum angenommen werden. DE VOSJOLI (1990) gibt für die USA eine „Produktion" der „Hobby"-Züchter von „einigen Tausend" Abgottschlangen verschiedener Subspezies pro Jahr an, wobei die kolumbianische *Boa constrictor imperator* den größten Teil stellt.

Diesen wenigen Zahlenangaben kann entnommen werden, daß weltweit pro Jahr nicht nur Tausende von Abgottschlangen nachgezogen, sondern daß Zehntausende von Boas in menschlicher Obhut gepflegt werden, leider oft unter nicht angemessenen Haltungsbedingungen als widersinnige Statussymbole und irrationale Prestigeobjekte!

Tab. 2:

Nachzucht-Statistik der Jahre 1985-1987 über die häufigsten von DGHT-Mitgliedern nachgezogenen Schlangen (Quelle: BNA-Nachzucht-Statistik, 1989).

	Boa constrictor ssp	Python molurus ssp	Lampropeltis ssp	Elaphe guttata ssp
1985	212	71	202	246
1986	304	113	338	710
1987	324	151	211	672
Summe	840	335	751	1628

Abb. 14: ***B. c. occidentalis* im Portrait. Die Tiere weisen die südlichste Verbreitung aller Abgottschlangenformen auf und sind damit an starke, jahreszeitlich bedingte klimatische Schwankungen angepaßt, die bei der Terrarienhaltung zu berücksichtigen sind.** Foto: H. Bosch

Abb. 15: **Ihre markante, dunkle Zeichnung allein ermöglicht die problemlose Bestimmung dieser Abgottschlange als *B. c. occidentalis*.** Foto: H. Bosch

14

15

16

17

8.1 Haltungsbedingungen

Die zufriedenstellende Pflege von Abgottschlangen in Menschenobhut setzt geräumige, stabil gebaute Terrarienanlagen voraus, die so konzipiert sein müssen, daß die Boas darin nicht nur alt und groß (über 2 m lang) werden können. Die Betreuung dieser Tiere muß sowohl für Pfleger als auch Schlangen streßfrei erfolgen, womit die meisten handelsüblichen Terrarien allein von den Dimensionen her schon disqualifiziert wären. Eigenbau ist hier angesagt. Für den elektrotechnischen Bereich muß ein Fachmann zu Rate gezogen werden.

Als Richtschnur für die Grundfläche eines solchen Terrariums kann gelten, daß die längste Diagonale des Geheges wenigstens der Körperlänge der jeweils gehaltenen Boa-Individuen entspricht. Ein ganz entscheidender Faktor bei der Boa-Haltung ist die Gestaltung eines Temperaturgradienten im Gehege, bei dem die Schlangen die Wahlmöglichkeit aus einem Temperaturbereich zwischen ca. 20 und etwas über 30 °C erhalten. Sehr bedeutsam für Abgottschlangen ist die Einrichtung von stabilen, fest verankerten Klettermöglichkeiten (hierfür eignen sich Eichen- oder Robinienstämme bzw. -äste besonders gut). Auch wenn große Boas im natürlichen Lebensraum nur noch selten beim Klettern beobachtet werden, tun sie dies im Terrarium aber regelmäßig, wahrscheinlich auch, um verschiedene Temperaturbereiche aufzusuchen.

Dementsprechend müssen die Boa-Gehege sowohl für die Kletterbäume als auch für den Temperaturgradienten eine beträchtliche Höhe aufweisen. Terrarien in Kinderzimmerdimensionen sind für Abgottschlangen durchaus tiergemäß und kein Luxus!

Tagsüber sollte in einem Boa-Terrarium eine Grundtemperatur von 25 bis 28 °C herrschen, erzeugt z. B. durch eine thermostatgesteuerte, nur in der Hälfte der Bodenfläche unregelmäßig in Estrich verlegten Kabelbodenheizung, die mittels eines Wärmefühlers an der wärmsten Stelle geregelt wird (die andere Hälfte der Bodenfläche bleibt unbeheizt und kann somit von den Schlangen zum „Auskühlen" aufgesucht werden). Auf „Sonnenästen" unter Strahlungsquellen suchen Abgottschlangen sporadisch auch gerne Temperaturen von über 30 °C auf. Nachts können die Temperaturen auf 24 bis 22 °C fallen. Diese Temperaturwerte gelten für die meisten Nachzuchtboas und all die Formen, die aus den klimatisch gleichförmigen tropischen Klimagebieten kommen. Nach eigener Schätzung sind dies aber sicherlich mehr als 95 % der Abgottschlangen in menschlicher Obhut. Boas aus Extrembiotopen können nur unter Hinzuziehung von Klima- und Temperaturkarten der entsprechenden Herkunftsgebiete mit strikt einzuhaltenden Tag/Nacht- und jahreszeitlichen Temperatur- und Feuchtigkeitsschwankungen gesund gehalten werden. Deshalb gilt hier die grundsätzliche Empfehlung, sich auf Abgottschlangen aus Nachzuchten zu beschränken. Diese sind in der Regel frei von Parasiten und an die vom Freiland so verschiedenen Terra-

Abb. 16: *B. c. nebulosa* ist in ihrer Verbreitung auf die Antillen-Insel Dominica beschränkt. Durch die geographische Isolation wird für diese Inselform Artrang in Erwägung gezogen. Foto M. Schmidt

Abb. 17: Diese etwa 2,30 m lange *B. c. orophias* ist neben *B. c. nebulosa* die zweite Antillenform. Auch für *B. c. orophias* wird Artstatus in Erwägung gezogen. Foto: K. Bonny rienbedingungen bereits adaptiert. Demgegenüber werden gestreßte Importtiere bzw. Wildfänge häufig von Trivialinfektionen befallen. Sie bereiten dem Pfleger oft lange Kummer, bevor sich herausstellt, daß sie unter den gebotenen Bedingungen doch nicht haltbar sind und verenden. Da Abgottschlangen gerne und oft lange baden, auf alle Fälle aber regelmäßig vor den periodischen Häutungen, ist für das Wohlbefinden dieser Schlangen ein ausreichend groß bemessenes Wasserbecken im Gehege vorzusehen. Es muß wenigstens so geräumig und tief sein, daß die Schlangen mit dem ganzen Körper eintauchen können, ohne das Gehege zu überfluten. Dabei empfiehlt sich, das Wasserbecken so in die Bodenheizung mit einzubeziehen, daß die Boas immer wohl temperiertes Wasser (in Umgebungstemperatur) vorfinden. Da dieses „Badewasser" den Schlangen gleichzeitig auch als Trinkwasser dient, ist auf eine entsprechende Hygiene streng zu achten und das Wasser nicht nur bei Verschmutzung zu wechseln, sondern wenigstens täglich frisch anzubieten (eine Wasserleitung an bzw. in das Gehege und ein direkter Anschluß des Wasserbeckens an die Abwasserleitung sind zu empfehlen!). Viele Abgottschlangen kommen aus Lebensräumen, in denen hohe relative Luftfeuchtigkeiten herrschen. Dementsprechend muß man diese physikalischen Verhältnisse simulieren können, z.B. mit einer Sprüh- oder Vernebelungsanlage.

Auf keinen Fall darf man aber das Boa-Gehege in eine Sumpflandschaft verwandeln. Alle Abgottschlangen benötigen im Gehege auch absolut trockene Bereiche.

Als Bodengrund eignen sich verschiedene Substrate. Während der Quarantänephase – aber auch danach – hat sich Zeitungspapier bestens bewährt. Es ist nicht nur billig und schnell auszutauschen, sondern hemmt durch die Druckerschwärze zusätzlich noch übermäßiges Bakterienwachstum. Da dieses Substrat zugestandenermaßen nur den bescheidensten ästhetischen Ansprüchen genügt, kann man eingewöhnte, koprologisch überprüfte, parasitenfreie Tiere auch auf einem natürlichen Bodengrund halten, der dann aber regelmäßig auszutauschen ist. Rindenmulch kann ebenso empfohlen werden wie ein lehmiger Sand (ohne scharfe Quarzkörnung) oder auch ein Erde/Sandgemisch. Die von vielen Schlangenhaltern gepriesene Haltung auf Sägespänen kann von dem Autor nicht empfohlen werden, da durch das versehentliche Abschlucken von Spänen (möglicherweise chemisch behandelter Hölzer?) durch die Schlangen bei Sektionen solcher auf Sägespänen gehaltenen und verendeten Boas erhebliche Reizungen bis hin zu schweren Entzündungen der Magen- und Darmschleimhäute diagnostiziert werden mußten. Oft verbleiben die für Schlangen unverdaulichen Holzreste im Darmkanal und werden dort entzündlich mit der Darmschleimhaut „verbacken". Auch von groben Kieselsteinen als Bodengrund wird abgeraten, da sich in den Zwischenräumen dieses Substrates unerkannt abgesetzte Kot- und Harnsäuremassen einnisten und in der Folge auch Ungeziefer anlocken können. Wie beim Trinkwasser ist grundsätzlich auch beim Bodengrund auf die Einhaltung einer konsequenten Hygiene – damit der schnellen Beseitigung von Kot und Harnsäure – großer Wert zu legen. Schlangen kommen im natürlichen Lebensraum mit ihren abgesetzten Ausscheidungen nie mehr in Berührung, während sie unter den beengten Terrarienbedingungen so lange in direktem Kontakt zu ihren abgesetzten Kot- oder Harnsäuremassen bleiben, bis diese aus dem Gehege entfernt werden. Bei einem natürlichen Bodengrund als Substrat sollte dieses wenigstens alle drei Monate komplett ausgetauscht werden, um unnötige Risiken durch eventuell aufblühende Hauterkrankungen der Schlangen (Bakteriosen, Mykosen), übermäßige Geruchsbelästigungen etc. erst gar nicht aufkommen zu lassen. Bei diesem Bodenaustausch sollte das Gehege mit einem milden (formaldehydfreien) Desinfektionsmittel ausgewaschen und mit klarem Wasser nachgespült werden.

8.2 Fütterung

Über den Appetit von Abgottschlangen und damit den Bedarf an benötigter Futtertiermasse bestehen divergierende Vorstellungen. Aus Freilanduntersuchungen kann zu diesem Problem nichts Erhellendes beigetragen werden, so daß man auch hier auf Erfahrungen bei der Haltung dieser Schlangen in Menschenobhut angewiesen bleibt. Unbestritten ist, daß im schnellen Wachstum begriffene Jungboas mit ihrem intensiven Aufbaustoffwechsel eine höhere Fütterungsfrequenz benötigen als erwachsene Tiere mit ihrem schlichten Erhaltungsstoffwechsel. Die in der Literatur angetroffenen Werte benötigter Futtertiermassen von Abgottboas schwanken zwischen der ein- bis eineinhalbfachen Schlangenkörpermasse bis hin zur vielfachen Schlangenkörpermasse pro Jahr! – Der Mittelweg scheint auch hier die beste Wahl zu sein.

Gute Erfahrungen konnten z. B. gesammelt werden mit folgenden Futtertiermengen und Fütterungsfrequenzen: Jungboas vom ersten bis zum dritten Lebensjahr (bzw. bis zur Geschlechtsreife) etwa die dreifache Körpermasse an Futtertieren pro Jahr. Mit dem Größerwerden der Futtertiere werden in der Folge nicht nur die Fütterungsfrequenzen herabgesetzt, sondern auch die pro Jahr angebotene Futtertiermasse allmählich auf das Ein- bis Eineinhalbfache der Boa-Masse reduziert.

VERGNEROVA & VERGNER (1976) haben eine *Boa constrictor constrictor* von 35 cm Körperlänge und einem Geburtsgewicht von 30 g in fünf Jahren mit insgesamt 27.110 g Futtertiermasse „hochgefüttert” auf 190 cm Körperlänge und 4.960 g Gewicht. Dabei haben sie ihrer Boa pro Jahr im Schnitt die zwei- bis dreifache Körpermasse an Futtertieren angeboten. – ENGELMANN & OBST (1981: 57) machen einen wesentlich höheren „Nahrungsbedarf” geltend: Zwei Babies von *Boa constrictor* von jeweils 63 g Körpergewicht fraßen in einem Jahr 3.723 g bzw. sogar 5.017 g! Die Gewichtszunahmen dieser beiden Boas betrugen dabei 973 bzw. 1.336 g.

Nichts ist für einen wirklichen Boa-Liebhaber schrecklicher zu ertragen als der Anblick dieser feisten, unbeweglich gewordenen, sich nicht mehr einrollenden Kolosse, die wie überdimensionale „Fettwürste” in meist viel zu kleinen Terrarien herumliegen. Im natürlichen Lebensraum wird man auf solche Schlangenkarrikaturen sicherlich nicht treffen!

Untersuchungen von CHIODINI & SUNDBERG (1982) an Terrarientieren von *Boa constrictor* offenbarten, daß die Blutserumwerte im Anschluß an eine Fütterung erst nach etwa sieben Tagen wieder auf den Wert der Fastenzeit gesunken waren. Dies kann ein Hinweis darauf sein, daß man diese Zeit vor einer erneuten Fütterung auf keinen Fall unterschreiten sollte. Es hat sich bewährt, die Fütterungsfrequenz seiner Abgottschlangen so zu bemessen, daß nach einer Fütterung zuerst die

nächste Kotabgabe abgewartet werden sollte. Nur so hat man auch eine Kontrolle über die normale Verdauungstätigkeit seiner Schlangen und kann bei Unregelmäßigkeiten – die oft die einzigen Symptome einer inneren Erkrankung darstellen – frühzeitig eingreifen.
Bei den normalen Haltungstemperaturen wird eine gesunde Abgottschlange etwa fünf bis acht Tage nach der Fütterung Kot absetzen, oft zusammen mit den weißen Harnsäuremassen. Frühestens danach sollte erneut Futter angeboten werden. Für die Zucht vorzubereitende Weibchen müssen üppiger ernährt werden und können vorübergehend die doppelte Futtertiermasse wie die Männchen angeboten bekommen. In der Regel regulieren die Boas ihren Appetit jedoch selbst, machen sich deutlich bemerkbar, wenn sie „Kohldampf schieben" und verweigern das Futter, wenn sie nicht mehr benötigen.

8.2.1 Lebende oder tote Futtertiere

Der Autor möchte dieses Thema, bei dem sich die Gemeinde der Schlangenhalter in zwei Glaubensrichtungen spaltet, nicht zum Dogma machen. Er rät aber dringend davon ab, lebende Futtertiere freilaufend in das Schlangengehege zu setzen, da viele Schlangen von den „Eindringlingen" irritiert und bestenfalls zu Abwehrbissen provoziert werden. Er empfiehlt vielmehr, lebende Futtertiere von der Futterzange aus direkt anzubieten – aber nur, wenn die Abgottschlangen getötete Futtertiere verweigern sollten. In den weitaus meisten Fällen nehmen Terrarienboas nach einer Gewöhnungsphase schnell und willig auch tot angebotene Futtertiere.
Die Palette der Futtertiere reicht dabei von kleinen Mäusen und Küken für die Babyboas über Mäuse, Rennmäuse, Vielzitzenmäuse, Hamster, Ratten bis hin zu Kaninchen und Hühnern für die erwachsenen Abgottschlangen. Wie der Artname *„constrictor"* (vom lateinischen constringere = fesseln abgeleitet) ausdrückt, umwickeln Abgottschlangen ihre im jähen Zugriff mit den Zähnen gepackten Beutetiere – auch die tot angebotenen Futtertiere – in mehreren Körperschlingen, um sie in diesen zu erwürgen. Der Tod der so stran-

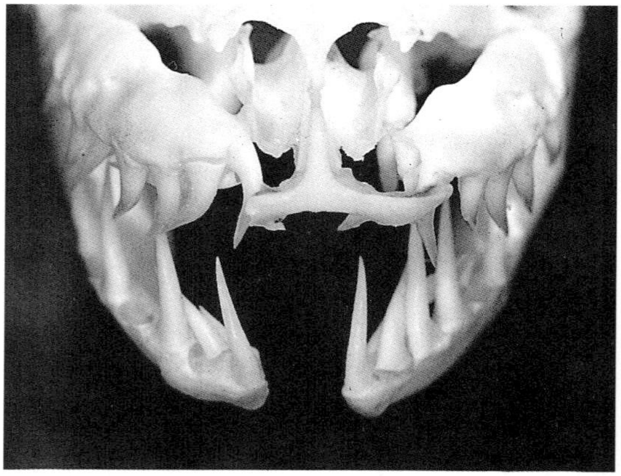

Schädel von *B. constrictor* in der Frontansicht. Deutlich zu erkennen ist das zahnlose Intermaxillare.
Fotos: H. Bosch

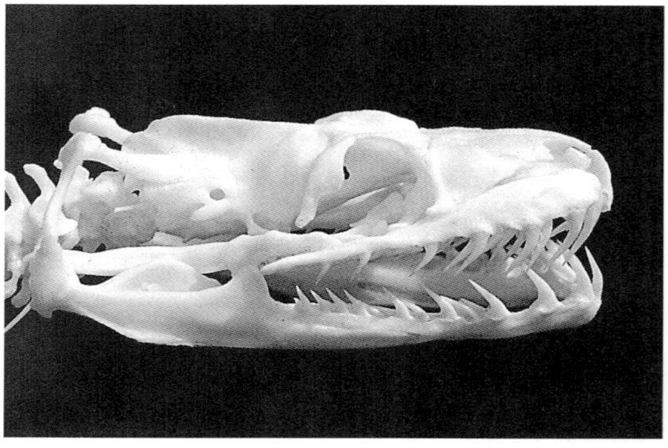

Schädel einer *B. constrictor* in der Seitenansicht.

gulierten Opfer tritt durch Atemnot und Ersticken, Kreislaufversagen und Herzstillstand meist schon nach wenigen Sekunden ein. Nur „ungeübte" und kranke bzw. geschwächte Abgottschlangen bekommen ihre Beutetiere nicht in einen richtigen Würgegriff und benötigen dann oft längere Zeit, bevor sie in einem qualvoll erscheinenden Kampf das Beutetier doch noch überwältigen können. Solche „ungeschickten" Boas – die man wahrscheinlich nur in Terrarienhaltung antrifft – laufen dann auch Gefahr, bei lebend angebotenen Futtertieren schwere Bißverletzungen durch die sich wehrenden Opfer davonzutragen. Als Pfleger muß man in solchen Fällen unbedingt frühzeitig eingreifen, um dem Beutetier unnötige Leiden und der Schlange vermeidbare Wunden zu ersparen.

8.2.2 Linkswürger oder Rechtswürger

LOPES et al (1991) stellten sich die nur auf den ersten Blick etwas skurrile Frage „Würgen Abgottschlangen links herum oder rechts herum?"
Bei 12 untersuchten Boas in insgesamt 105 Beobachtungen fanden sie heraus, daß sich bei fünf Tieren mehr oder weniger deutliche Tendenzen zum „Linkswürgen" herauskristallisierten. Vier Tiere waren eher „Rechtswürger". Bei drei Boas ergab sich keine „Schokoladenseite" und sie würgten nach beiden Seiten gleich häufig. Alle untersuchten Boas waren aber in der Lage, ihre Beute links- und rechtsherum erfolgreich zu erwürgen. Reine „Links- oder Rechtswürger" – analog zu Links- und Rechtshändern beim Menschen, die mit der jeweils „falschen" Hand nahezu „blind" sind – ließen sich bei den untersuchten Abgottschlangen in keinem Exemplar ermitteln.
Wieviel „Würgekraft" von einer Abgottschlange freigesetzt wird, ist schwer zu beschreiben. Die Konstriktionen einer erwachsenen um einen menschlichen Arm gewickelten und voll zuziehenden Abgottboa führen schnell zur völligen Unterbindung des Blutflusses, zum Taubwerden und zur bläulichen Verfärbung der vor und in den Konstriktionen liegenden Bereiche. Wenn auch erwachsene Menschen ganz sicher nicht (mehr) in das Beuteschema einer *Boa constrictor* passen und aus dem natürlichen Verbreitungsgebiet von *Boa constrictor* bisher keine Fälle glaubwürdig verbürgt sind, daß Abgottschlangen erwachsene Menschen anfallen, töten und fressen, hält es der Autor nach seinen Erfahrungen mit diesen Schlangen aber für durchaus denkbar, daß bereits eine über drei Meter lange, sicherlich aber eine über vier Meter lange *Boa constrictor,* in die Enge getrieben und gereizt, zuschlägt und genug Kraft in ihren Körperschlingen hat, ein wehrloses, unbeaufsichtigtes Kind zu strangulieren. Er weist hier deshalb ausdrücklich darauf hin, daß größere Abgottschlangen nur in absolut ausbruch- und kindersicheren Gehegen untergebracht werden sollten.
Abgottschlangen sind keine immer berechenbaren „Schmusetiere". Aber gerade weil die meisten von ihnen im Normalfall sehr friedliche und duldsame Geschöpfe sind, muß man alle unkalkulierbaren Zusammenkünfte mit diesen Tieren vermeiden, um Unfällen vorzubeugen.

8.3 Zucht

In vielen zoologischen Einrichtungen, aber auch bei manchen privaten Züchtern gelingt die erfolgreiche Boa-Zucht schon über mehrere Gefangenschaftsgenerationen! Abgottschlangen-Nachzuchten werden mittlerweile auch bei uns bereits so regelmäßig „produziert", daß wenigstens die Anfänger unter den Hobby-Herpetologen auf diese zurückgreifen und auf aus der Natur entnommene und weitaus schwieriger „zu beherrschende" Wildfänge verzichten können und müssen!
Eine Auswertung der „International Zoo Yearbook"-Nachzucht-Statistik der Jahre 1966 bis 1990 ergibt, daß in diesen 25 Jahren alleine von den Zoos, die ihre Boa-Nachzuchten gemeldet hatten, mindestens 7.740 Abgottschlangen geboren wurden, von denen über 6.670 überlebten. Unter diesen verbergen sich verschiedene Taxa von *Boa constrictor,* die aber nur in Einzelfällen als Subspezies ausgewiesen sind.
Die reale Zahl der in Zoos und ähnlichen Einrichtungen nachgezogenen Abgottschlangen dürfte aber noch wesentlich höher liegen, da nicht alle Zoos ihre Nachzuchten immer in den jährlichen Umfragen mitteilen und längst nicht alle potentiellen „Boa-Zuchtbetriebe" in dem Zoo-Jahrbuch aufgeführt sind. Die zusätzlichen Nachzuchten in privaten Boa-Haltungen in Amerika und Europa dürften noch um ein Mehrfaches höher sein als die in Zoologischen Gärten geborenen Exemplare. Hierfür liegen jedoch erst äußerst spärliche Statistiken vor (vergl. 8, Tab. 2).
Eine verläßliche Anleitung, gewissermaßen ein „Kochrezept", für die erfolgreiche Boa-Zucht wird man trotz der zahlreichen Nachzuchten für *Boa constrictor* aber noch vergeblich suchen. Schlimmer noch, die bisher publizierten Nachzuchtangaben von Abgottschlangen sind teilweise so uneinheitlich und widersprüchlich, daß ihr kritikloses Befolgen eine erfolgreiche Abgottschlangen-Nachzucht eher in Frage stellt.
Ein wesentlicher „Verhinderungsgrund" dürfte in vielen Fällen nicht geglückter Boa-Nachzuchten die fehlende Synchronisation von nicht zusammenpassenden Partnern sein. Sei es, weil sie bei unbekannter geographischer Herkunft und ungeklärter systematischer Zuordnung unterschiedliche „Zeitgeber" für ihre jeweilige Paarungsbereitschaft haben, sei

Nachzuchttiere von *B. c. imperator* (l.) und *B. c. constrictor* im direkten Vergleich. Foto: H. Bosch

es, daß sie aus anderen Gründen einfach „nicht miteinander können". Zudem scheinen die verschiedenen *Boa constrictor*-Einheiten unterschiedlich „schwer" zur Nachzucht zu bewegen zu sein.
ROSS & MARZEC (1990) greifen diese Problematik auf und versuchen, Erklärungen dafür zu finden, daß erfahrungsgemäß in Menschenobhut (wenigstens in den USA) die Boa-Populationen des Orinoko-Amazonas-Beckens, also die diversen sogenannten Rotschwanzboas Südamerikas, wesentlich schwerer nachzuziehen sind als die „Nicht-Rotschwanzboas", unter denen in diesem Zusammenhang vor allem die *imperator*-Populationen zu verstehen sind. Für die geringeren Nachzuchterfolge dieser Boa-Formen werden von ROSS & MARZEC (1990) u. a. folgende Gründe verantwortlich gemacht: „Rotschwanzboas" benötigen möglicherweise größere Gehege als die *Imperators,* und es sind wahrscheinlich mehrere „konkurrierende" Männchen für erfolgreiche Kopulationen (auch nur mit einem Weibchen) erforderlich. Ganz banale Gründe für einen Nachzucht-Erfolg oder -Mißerfolg liegen in einem adäquaten Ernährungszustand der Schlangen, vor allem der Weibchen. Schlecht ernährte Weibchen ohne Fettreserven werden sich wohl kaum als Zuchttiere eignen.
Unabhängig von allen anderen Faktoren erweisen sich die Boas, die als Jungtiere erworben und dann unter artgerechten Terrarienbedingungen erfolgreich aufgezogen wurden, als wesentlich bessere und kontinuierlichere Garanten für Nachzuchten als bereits adult erworbene Wildfänge mit ihren chronischen Anpassungsproblemen.

8.3.1 Angaben zu den Paarungszeiten und dem Absetzen der Jungtiere in menschlicher Obhut

Nach LASZLO (1979) gehören wahrscheinlich alle Boinae, demnach auch unsere Abgottschlangen, zu den „winter-breeders", also den Formen, die ihre Paarungszeit im (Nord-) Winter haben. Bei Terrarienhaltung soll ihre Paarungsbereitschaft (auch in anderen Jahreszeiten?) bereits durch einen einfachen Wechsel der Haltungsbedingungen von warm + hell zu kalt + dunkel induziert werden können. Bei den äquatorfern verbreiteten Boa-Formen sollen kürzere Tageslängen mit einem Verhältnis Hell : Dunkel wie 1 : 2 ohne Änderung anderer Parameter schon geschlechtliche Aktivitäten auslösen. Demgegenüber würden die äquatornah verbreiteten Boa-Populationen bei ihren sexuellen Aktivitäten vorwiegend auf ein Absenken der Temperaturen ansprechen, während sie durch den Tageslängenwechsel angeblich weniger stimulierbar seien. – Ach, wenn es doch so einfach wäre! Meist hapert es bei diesen Empfehlungen schon daran, daß man nicht weiß, ob man eine am Äquator beheimatete oder eine weit davon entfernt verbreitete Population zur Fortpflanzung stimulieren muß.
Mit die effizienteste Methode, Nachzuchten bei Abgottschlangen zu erhalten, sei jedoch die getrennte Unterbringung der Geschlechter über die meiste Zeit des Jahres. Nur während der Paarungssaison werden dann die Weibchen zu den Männchen gesetzt (nicht umgekehrt). Gruppenhaltungen während der Paarungszeit von wenigstens drei Boa-Paaren werden als vorteilhaft dargestellt und eine

Überzahl von Männchen soll den Nachzuchterfolg erheblich verbessern. – Über vorzeigbare Erfolge mit diesen diversen theoretischen Empfehlungen erfahren wir von LASZLO (1979) jedoch nichts.

Eine konkretisierte Form dieser insgesamt doch sehr diffusen Vorschläge, bei denen man in aller Regel erst mal experimentieren muß, welche der vielen ausgewiesenen Pfade denn zur Nachzucht führen, wird in Boa-Liebhaberkreisen herumgereicht. Danach soll man seine Abgottschlangen „ganz einfach" zur Fortpflanzung bringen können durch eine schlichte, der Paarungszeit vorgeschaltete „Kühlperiode" (sechs bis 12 Wochen bei 12 bis 18 °C, Luftfeuchtigkeit unter 70 %) und reduziertem Nahrungsangebot. – Ein derartiger Ratschlag darf jedoch nicht pauschal allen Abgottschlangenpopulationen, gleichgültig welcher Herkunft, oktroyiert werden, da die Formen des tropischen Tieflandwaldes wahrscheinlich ganz andere Signalgeber haben als solche rüden Abkühlphasen. Diese scheinen, wenn überhaupt, eher für die Vertreter der Regionen mit deutlich unterschiedlichen Jahreszeiten und der klimatischen Extrembiotope geeignet zu sein. Die Erfolge mit dieser Methode weisen sich oft als eher bescheiden aus. Man ist geneigt zu sagen, falls mit solchen Methoden eine Nachzucht erfolgte: Trotz dieser Rustikalmethode haben sich die Abgottschlangen an der Arterhaltung in Menschenobhut nicht hindern lassen.

Abschließend seien die Abgottschlangenformen, die häufig in Terrarien gehalten werden und über die bereits verläßliche Nachzucht-Informationen vorliegen, kurz besprochen.

a) *Boa constrictor imperator* (Nicht-Rotschwanzboas sensu ROSS & MARZEC, 1990). Über diese Abgottschlangen-Einheit, unter der die mexikanischen, mittelamerikanischen und nordkolumbianischen Populationen zusammengefaßt sind, liegen die meisten Nachzuchtberichte vor. Ein jahreszeitlicher Temperaturzyklus scheint nach ROSS & MARZEC (1990) für die Zucht dieser Boas nicht ausschlaggebend zu sein. Einer angemessenen Tag/Nachtschwankung der Haltungstemperaturen werden aber höhere Nachzuchtzahlen zugeschrieben. Demgegenüber sollen viele unbefruchtete Eier und totgeborene Jungschlangen durch zu gleichmäßige Haltungstemperaturen ohne eine deutliche Tag/Nachtschwankung der Temperaturen verursacht werden.

Bei den reinen *Boa constrictor imperator* werden in Menschenobhut Kopulationen vor allem zwischen November und Januar beobachtet. Die Geburt der Jungschlangen erfolgt nach sechs Monaten zwischen April und Juni. Von verschiedenen Beobachtern wird berichtet, daß Abgottboaweibchen nach der Konzeption eine dunklere Körperfarbe annehmen sollen (was allerdings durch eigene Beobachtungen nicht bestätigt werden kann.)

b) *Boa constrictor constrictor* (Rotschwanzboas sensu ROSS & MARZEC, 1990). Für die in Südamerika östlich der Andenkette verbreiteten Abgottschlangenformen, unter denen mit Ausnahme von *Boa c. ortoni* auch alle sogenannten Rotschwanzboas vereinigt sind, liegen weitaus weniger Reproduktionsdaten vor als für *Boa c. imperator*. ROSS & MARZEC (1990) geben unter Gefangenschaftsbedingungen Paarungsaktivitäten zwischen Ende August und Anfang März an, mit einem deutlichen Schwerpunkt in den Monaten Dezember und Januar. Die Geburten der Jungtiere werden ab Ende Februar bis in den September hinein berichtet. Kopulationen finden also meist im Nordwinter, das Absetzen der Jungtiere im Nordsommer statt.

Wildfang-„Rotschwanzboas" setzen in der nördlichen Hemisphäre unter Terrarienbedin-

gungen ihre Jungtiere oft auch erst im Spätherbst oder gar Winter ab.
LASZLO (1984) berichtet für „Rotschwanzboas" Paarungszeiten zwischen Februar und April. Damit wären die herbstlichen Geburtstermine bei ROSS & MARZEC (1990) zwanglos erklärt.
c) *Boa constrictor occidentalis.* Für die südlichste Abgottschlangenform aus dem Norden Argentiniens werden (auch) bei der Haltung in der nördlichen Hemisphäre Paarungs- und Wurfzeiten wie für die „Nichtrotschwanzboa"-Populationen nördlich des Äquators berichtet. Demnach erfolgen die Paarungen in den Wintermonaten, bei ROSS & MARZEC (1990) werden sie zwischen Dezember und März aufgeführt. Die Jungtiere werden ab Juni über die Sommermonate geboren.

8.3.2 Beispiele aus der praktizierten Abgottschlangen-„Zucht"

Welche Schwierigkeiten es bereitet, selbst aus erfolgreichen – aber nicht planmäßig betriebenen – Zuchten von Abgottschlangen verwertbare Hinweise oder gar praktikable Regeln für die eigenen Bemühungen – Boas nachzuziehen – herauszufiltern, sei an zwei *Boa constrictor*-Haltungen in großen zoologischen Gärten in Deutschland dargestellt. Die Zeiten des Absetzens der Jungtiere stimmen dabei nicht immer mit den in 8.3.1 angegebenen „Normaldaten" überein. Es kommt der Verdacht auf, daß sich Boas in Menschenobhut manchmal auch völlig „regellos" vermehren.
Zoo A: Hält Abgottschlangen unbestimmter Unterartzugehörigkeit, wenigstens seit Mitte 1960. Erste Nachzuchten werden im Juni 1969 gemeldet. Es folgen weitere Nachzuchten im Mai 1971, im Januar 1976, im Februar 1977, im Januar 1978, im November 1978, im Dezember 1979, im Januar 1981, im Januar 1982, im Januar 1983, im November 1983, im November 1984, im Mai 1991 und zuletzt im April 1993. Zwischen 1969 und 1993 wurden in dieser Zucht bei Wurfgrößen zwischen 11 und 44 Tieren insgesamt etwa 450 Abgottschlangen geboren, und zwar, soweit zu erfahren war, von 1976 bis 1989 wahrscheinlich alle vom gleichen Weibchen. Kopulationszeiten und Kopulationspartner blieben unbekannt. Es erfolgten weder eine zeitweise Trennung der Geschlechter noch induzierte jahreszeitliche Temperaturschwankungen. Stattdessen lebten die Zuchtboas in sehr gleichmäßigen Bedingungen bei ca. 25 °C Lufttemperatur. Ab 1990 wurde dann der revolutionäre Versuch eingeleitet, diese äußerst erfolgreiche Zucht, die bis dahin nur nach dem „Zufallsprinzip" betrieben wurde, endlich in „geregelte Bahnen" zu lenken. Die Männchen wurden fortan abgetrennt und nur noch von Oktober bis Januar zu den Weibchen gesetzt. Der Erfolg blieb – überraschenderweise – zunächst aus! 1990 (im ersten Jahr der Geschlechtertrennung) konnten keine Nachzuchten erzielt werden. 1991 – erneut mit Geschlechtertrennung – setzten die Nachzuchten wieder ein, und zwar erstmals als eine F_2-Generation aufgeführt. 1992 – wiederum nach Geschlechtertrennung – blieben die Nachzuchten trotz beobachteter Kopulationen aus. 1993 wurden dann wieder F_2-Jungtiere abgesetzt.
Bei der genaueren Analyse dieser Nachzuchtdaten von Zoo A fällt auf, daß trotz der ange-

gebenen jahrein-jahraus gleichförmigen Bedingungen immer wieder Nachzuchtlücken (zwischen ein und sechs Jahren) mit Nachzuchtblöcken von bis zu vier Jahren abwechseln, während denen auch mehrmals zweimal pro Jahr Jungboas abgesetzt wurden. Weiterhin fällt aus dem Rahmen, daß die Jungtiere in zwei „clusters" abgesetzt wurden, und zwar bevorzugt zwischen den Monaten November bis Februar (10 x), weniger häufig von April bis Juni (4 x). – Die in diesem Zoo A von den Abgottschlangen bevorzugten Geburtsmonate November bis Februar sind z. B. nach ROSS & MARZEC (1990) die eigentlichen Paarungsmonate der meisten Abgottschlangen!

Zoo B: Hält Abgottschlangen unbestimmter Unterartzugehörigkeit seit 1991 in einer Gruppenhaltung aus sechs Tieren (3 Weibchen und 3 Männchen) verschiedener Provenienz, Wildfänge und Gefangenschaftsnachzuchten. Es erfolgt keine Trennung der Geschlechter, Männchen und Weibchen werden ganzjährig zusammen gehalten. In dem Gehege in einer großen Tropenhalle herrschen im Verlaufe des Jahres maximale Temperaturdifferenzen zwischen Tag und Nacht von ca. 8 °C.

Ein Wildfang-Weibchen aus dieser Gruppe (angeblich eine *Boa constrictor constrictor,*

Von Wildfangtieren ist grundsätzlich abzuraten. Neben dem hohen Krankheitsrisiko reagieren viele Tiere anfangs recht aggressiv. Foto: M. Schmidt

geboren 1986) verpaarte sich angeblich nur mit einem Männchen nicht genannter Unterart aus einer Gefangenschafts-Nachzucht des Jahres 1988. Am 17. Mai 1992 setzte dieses Weibchen 32 Jungtiere ab und im darauf folgenden Jahr 1993 am 13. Februar insgesamt 55 Jungtiere. Die restlichen Abgottschlangen der Gruppe waren offenbar unbeteiligt.

Auch die Boas in Zoo B halten sich ganz offenbar nicht an die von ROSS & MARZEC (1990) u. a. erkannten Fortpflanzungszeiten. Während die Nachzucht im Mai des Jahres 1992 mit einer Paarungszeit im November durchaus noch im Rahmen liegt, läuft bereits die Nachzucht im Februar des folgenden Jahres 1993 total „aus dem Ruder"! Die Kopulationszeit für diese Nachzucht käme in den August, eine Jahreszeit, die von „normalen" Abgottboas noch zum Absetzen ihrer Jungtiere benötigt wird, nur drei Monate nach der Geburt der ersten Jungtiere.

Gerade aus diesen erfolgreichen Zoo-Nachzuchten von Abgottschlangen läßt sich folgern, daß von den Boas in Menschenobhut das ihnen zugedachte Fortpflanzungsschema (LASZLO, 1979, 1984; ROSS & MARZEC, 1990) nicht immer ernst genommen wird. Ganz offenbar können sich Boas in Menschenobhut von den vermuteten Signalgebern abkoppeln und nicht nur zu den „vorgesehenen", sondern auch zu augenscheinlich „willkürlichen" Zeiten in Paarungsstimmung kommen und dementsprechend auch „zur Unzeit" ihre Jungtiere absetzen. Nahezu schon beliebig wie die Batteriehühner!

Verschiedene Boazüchter produzieren Abgottschlangen-Nachzuchten völlig „willkürlich" oder auch induziert zu allen Jahreszeiten, gerade so als ob sie von dem „Fortpflanzungs-Zeitrahmen" noch nie etwas gehört hätten.

Wahrscheinlich machen es sich die gewissen-

haften, aber erfolglosen Boazüchter einfach zu schwer und sehen Probleme, wo gar keine sind!?
Aus diesen schwer zu interpretierenden divergierenden Geburtsdaten erfolgreicher Gefangenschaftsnachzuchten von Abgottschlangen (darunter sind möglicherweise auch Verpaarungen von Boas verschiedener unbekannt gebliebener Unterartzugehörigkeiten) läßt sich für den angehenden „Boazüchter" lediglich entnehmen, daß man für die erfolgreiche Abgottschlangenzucht eigentlich „nur" zwei artgerecht gehaltene und gut ernährte erwachsene Boas verschiedenen Geschlechts (auch verschiedener geographischer Herkunft?) braucht, zwischen denen „die Chemie stimmt" und die sich leiden mögen. Dann scheint sich Nachwuchs – auch ohne Geschlechtertrennung und aufwendige jahreszeitliche Temperaturwechsel-Programme – von selbst einzustellen. Diese Annahme findet in der Erfahrung von versierten Riesenschlangenhaltern eine Bestätigung, die schon verschiedene Schlangenspezies erfolgreich nachgezogen haben, die als heikel und schwierig zu halten gelten, aber noch keine Abgottschlangen. Und das, obwohl sie in jahrelangen Bemühungen bei ihren Zuchtboas alle möglichen Tricks (Temperaturprogramme; Geschlechtertrennung; multiple Männchen etc.) einsetzen. Wenn sich die für die Zucht ausersehenen Abgottschlangen-Partner nun mal „nicht riechen können", helfen auch alle physikalischen und psychologischen Krücken nicht über diese offenbar (allein?) entscheidende Fortpflanzungsbarriere hinweg.

8.4 Bastarde

Alle Abgottschlangen müssen als Angehörige einer Art – wenigstens potentiell – untereinander fruchtbar kreuzbar sein. Dies bewiesen sie in ungezählten, anfangs wahrscheinlich nicht beabsichtigten Terrariennachzuchten zwischen verschiedenen Subspezies. Heute dürfte ein großer Teil der Terrarienboas als sogenannte „Potpourri"-Boas bereits aus Mischformen bestehen, die man kaum mehr in eine der Großgruppen einordnen, geschweige denn unterartmäßig ansprechen kann.
Inwieweit diese hemmungslose Bastardierung auch zwischen den Boas der Kleinen Antillen und den Festlandsformen der Imperator- und Constrictor-Gruppen auftritt, ist bisher nicht bekannt. Falls bei einer Mischung dieser Partner fruchtbare Mischformen ausbleiben, wäre dies ein weiteres Indiz für eine Ausgliederung der Antillen-Boas und ihre Anerkennung als selbständige Spezies. Während man noch vor nicht allzulanger Zeit gerne über gelungene Bastarde verschiedener *Boa constrictor*-Unterarten berichtete (z. B. MEYER-HOLZAPFEL, 1955; LUTTENBERGER, 1964 oder GENSCH, 1969), sind solche „Zuchterfolge" jetzt bei uns ganz offenbar nicht mehr publikationswürdig.
Es sollte das Anliegen aller ernsthaften Züchter sein, nur Tiere der gleichen geographischen Herkunft, und damit der gleichen Subspezies, miteinander zu verpaaren. Nur so kann man das Erbmaterial der vorhandenen *Boa*-Taxa rein erhalten. Weil dieses Grundanliegen in der Vergangenheit häufig nicht beachtet wurde – nicht nur aus Mißachtung dieses Grundsatzes, sondern schlicht aus Unwissen um die angesprochene Problematik und Unkenntnis der taxonomischen Einheiten –

stehen wir heute bei vielen dieser Boa-Nachzuchten in Menschenobhut vor richtigen „Kunstprodukten". Bei den Bildunterschriften solcher Tiere behilft man sich etwas beschämt mit *„Boa constrictor"* oder *„Boa constrictor ssp."*. Wenn der Terrarianer keine höheren Ansprüche an die „Echtheit" seiner Pfleglinge stellt, mag dies bei ausschließlichen Hobbytieren ja noch zu vertreten sein. – Wissenschaftlich gesehen sind diese Mischformen nahezu „wertlos". Wenn sie wieder zu fruchtbaren Nachkommen führen, bestätigen sie höchstens in eindrucksvoller Weise, daß alle Abgottschlangen nur eine polytypische Art mit untereinander beliebig fertil kreuzbaren Formen darstellen (auch wenn es sich dabei nur um Terrarienprodukte handelt).

Folgende Bastarde aus der Literatur seien hier stellvertretend aufgeführt:

a) *Boa constrictor occidentalis* (Männchen) x *Boa constrictor constrictor* (Weibchen). MEYER-HOLZAPFEL, Berner Tierpark, 1955.

b) *Boa constrictor occidentalis* (Männchen) x *Boa constrictor constrictor* (Weibchen). LUTTENBERGER, Tiergarten Schönbrunn, Wien, 1964.

c) *Boa constrictor constrictor* (Männchen) x *Boa constrictor imperator* (Weibchen). GENSCH, Dresdner Zoo, 1969.

Weit über diese Bastardproduktion hinausgehend sind in den USA bereits Bestrebungen von Schlangenzüchtern im Gange, selektiv – quasi auf Bestellung – bestimmte Farbmorphen von kolumbianischen *Boa constrictor imperator* „zu produzieren". Die angekündigte „Farbpalette" soll „Gelblinge" oder „Anerytheristische" (ohne Rotanteile) enthalten. Außerdem soll die Qualität (???) von bestimmten Linien von Rotschwanzboas verbessert werden ins „Silbergraue mit leuchtend roten und cremegelben Schwanzbereichen". Gott behüte, wofür? – Die Abgottschlangenzucht degeneriert auf das Niveau von preistreibenden „Morphenzüchtern"! Der Autor hat hier nur ein Urteil: dégoûtant!

8.5 Alter von Abgottschlangen

Angaben über die Lebenserwartung von Abgottschlangen im natürlichen Lebensraum liegen nicht vor. Um überhaupt Daten über das Alter von Boas zu bekommen, ist man auf Beobachtungen von Boahaltungen in Menschenobhut angewiesen.

In den Anfangszeiten der Gefangenschaftshaltung von Abgottschlangen, als diese „furchteinflößenden Bestien" in Unkenntnis ihrer elementarsten Bedürfnisse noch oft unter völlig unzureichenden Menagerie-Bedingungen in irgendwelchen Verschlägen „gehältert" wurden, war man wahrscheinlich schon über jeden Tag „froh", den diese Schlangen unter diesen abartigen Verhältnissen überlebten.

Erfahrungsgemäß wachsen Schlangen, solange sie leben. Anfangs schnell bis zur Geschlechtsreife, die bei den meisten Abgottschlangen normalerweise mit etwa drei Jahren einsetzen dürfte, dann mit zunehmendem Alter immer langsamer und zuletzt kaum mehr wahrnehmbar. Riesen-Boas, denen man früher im Freiland noch häufiger begegnete, dürften mehrere Jahrzehnte in ihre stattlichen Maße „investiert" haben.

Erst Mitte dieses Jahrhunderts hat man begonnen, vermehrt Haltungsdaten von Boas in Menschenobhut zu publizieren. Die anfangs

noch unter 20 Jahren liegenden Haltungserfolge (z. B. PERKINS, 1954; SHAW, 1957) nahmen von Jahr zu Jahr zu. Bis heute hat sich herausgestellt, daß Abgottschlangen bei artgemäßer Haltung viel älter als zunächst vermutet werden können. Lebenserwartungen von über 20 Jahren in Menschenobhut sind durchaus keine Einzelfälle mehr.
Der aktuelle belegbare „Haltungsrekord" einer Abgottschlange in Menschenobhut stammt aus dem Zoologischen Garten von Philadelphia und beträgt 40 Jahre und dreieinhalb Monate. Der Autor vermutet, daß Abgottschlangen noch älter werden können. Wenn sie wahrscheinlich auch nicht in die Langlebigkeitsbereiche von einigen Schildkröten vordringen werden, für die Lebensalter von teilweise weit über 100 Jahren berichtet werden (vergl. FLINDT, 1986), ist für gesund bleibende Abgottboas aber durchaus ein erreichbares Lebensalter von über 50 Jahren anzunehmen.

9. Erkrankungen, Therapien

Wie alle Terrarientiere können auch Abgottschlangen von mannigfachen infektiösen (virusbedingten, bakteriellen, mykotischen oder parasitären) und nicht infektiösen Erkrankungen heimgesucht werden. Dabei treten bei „Gefangenschaftsboas" häufig Krankheitsbilder auf, die aus dem Freiland bisher nicht bekannt geworden und als haltungsbedingte „Gefangenschafts-Artefakte" zu werten sind.
Während man noch vor zwei Jahrzehnten mit den Krankheiten seiner Reptilienpfleglinge hierzulande meist ziemlich alleine gelassen war, haben sich auf dem Gebiet der Diagnose und Therapie der Erkrankungen von Terrarientieren in den letzten 20 Jahren fulminante Fortschritte eingestellt. In Deutschland leistete seit den Sechziger Jahren die Arbeitsgruppe von Professor W. Frank am Zoologischen Institut der Universität Hohenheim, Fachgebiet Parasitologie, bahnbrechende Basisarbeiten. Deren Forschungsergebnisse und die Arbeiten anderer Arbeitsgruppen, z. B. an der Universität München (Professor Reichenbach-Klinke), der Humboldt-Universität Berlin (Professor Ippen), der Universität Utrecht, Niederlande (Professor Zwart), in neuerer Zeit an den Universitäten Gießen und der TU Berlin, um nur einige zu nennen, haben ihren Niederschlag nicht nur in zahlreichen Veröffentlichungen in für den Laien schwer zugänglichen Fachzeitschriften, sondern auch in mehreren gut verständlichen, sehr empfehlenswerten Fachbüchern gefunden, unter denen im Literaturverzeichnis einige aufgelistet sind. Es handelt sich dabei aber um keine nur auf Abgottschlangen reduzierte Literatur. Boas tauchen in allen diesen meist sehr umfangreichen „Nachschlagewerken" jeweils nur sporadisch auf. Aus Krankheitsbildern anderer Schlangen- oder auch ganz anderer Reptiliengruppen sind aber sowohl in Therapie als auch Diagnose Folgerungen zu ziehen, die auch bei Abgottschlangen Anwendung finden können.
In der Kombination und dem kritischen Vergleich dieser „Referenzwerke" kann man nun nahezu jedem pathologischen und parasitologischen Phänomen seiner Pfleglinge gerecht werden.
In Tab. 3 sind die Sektionsbefunde von 302 in den Jahren zwischen 1966 und 1984 (einschließlich) am Zoologischen Institut, Fach-

gebiet Parasitologie (Professort Dr. W. Frank) der Universität Hohenheim – u. a. auch vom Autor – sezierten, in Gefangenschaft gestorbenen *Boa constrictor*-Exemplaren zusammengestellt. Dies ist das zahlenmäßig umfangreichste Untersuchungsergebnis über *Boa constrictor* aus Gefangenschaftshaltungen, aus dem eindeutige „Trends" von Erkrankungshäufigkeiten abzulesen sind. 185 dieser Boas (≙ 61%) waren adult, der Rest, 117 Boas (≙ 39%), waren Jungtiere. In der Tabelle sind Prozentwerte aufgeführt, die z. B. bei den jeweils betroffenen Organsystemen Gefährdungspotentiale aufzeigen, ohne daß die jeweiligen Krankheitsbilder immer genannt wären.

Bei 99 (≙ 33%) der untersuchten Boas lagen pathologische Lungenbefunde vor, bei 94 (≙ 31%) hat es sich dabei um eine Lungenentzündung gehandelt, oft im Gefüge einer generalisierten bakteriellen Infektion. In etwa den gleichen Dimensionen mußten Enteritiden (Dünndarmentzündungen, bei 87 Schlangen ≙ 29%), Gastritiden (Magenentzündungen, bei 81 Boas ≙ 27%) diagnostiziert werden, ebenfalls meist im Rahmen einer generalisierten Bakterieninfektion. Die sogenannte Maulfäule (Stomatitis ulcerosa) war im „Endstadium" bei 10 Boas (≙ 3%) deutlich hervorgetreten. Die Anfangsstadien dieser ebenfalls meist mit einer allgemeinen Infektion einhergehenden Erkrankung traten sicherlich häufiger auf. Sie sind aber am noch lebenden Patienten besser auszumachen als an dem bei Untersuchung häufig bereits in Autolyse übergegangenen Kadaver.

Tab. 3

Pathologisch/Parasitologische Befunde bei 302 sezierten Boas

A. Betroffene Organsysteme			B. Befunde, Angetroffene Krankheitsbilder			C. Parasitenbefunde		
	Anzahl Boas	Prozent		Anzahl Boas	Prozent		Anzahl Boas	Prozent
Lungen	99	33	Pneumonie	94	31	Amöbiasis	21	7
Magen	69	23	Gastritis	66	22	Hämogregarinen	8	3
Dünndarm	87	29	Enteritis	87	29	Trematoden	5	2
Enddarm	81	27	Colitis	81	27	Cestoden	1	0,3
Leber	107	35	Maulfäule	10	3	Strongyliden	9	3
Nieren	64	21	Gicht	39	13	Filarien und Dracunculiden	5	2
Herz	43	14	Trächtigkeit	6	2	Pentastomiden	3	1
			Anämie	3	1	Milben und Zecken	4	1
			Vergiftungserscheinungen	13	4			
			Tumoren	4	1			
			Arteriosklerose	1	0,3			
			Verletzungen	3	1			
			Abszesse	23	8			
			Geschwüre	7	2			
			Kachexie und Marasmus	41	14			
			Mykosen	4	1			

Alle diese überwiegend bakteriellen Infektionen der Atem- und Verdauungswege werden hier als typische Schwäche-Erkrankungen gestreßter und nicht artgemäß gehaltener Tiere betrachtet. Oft hat es sich dabei um Importtiere gehandelt, über deren Streß bei Fang und unsäglichen Hälterungs- und Transportstrapazen nur Mutmaßungen angestellt werden können. Auch aus ihren gewohnten Verhältnissen – an die sie adaptiert waren – herausgerissene Abgottschlangen oder aus befriedigenden Haltungsbedingungen „absackende" Boas (oft während längerer Abwesenheiten der Besitzer) können „plötzlich und scheinbar völlig grundlos" an solchen „Trivialinfektionen" erkranken. – Man sollte seine eingewöhnten Boas deshalb nicht mutwillig vermeidbaren Ortswechseln unterwerfen. Die regelmäßigen Verluste im Abgottschlangenbestand von häufigen Ortswechseln unterworfenen „professionell mit Schlangen auftretenden" Zirkus- und Varietéartisten sprechen hier eine deutliche Sprache.

Pathologische Leberbefunde waren bei 35% der sezierten Abgottschlangen zu erheben. Meist hat es sich dabei um fettige Leberdegenerationen gehandelt. Die Nieren waren bei 21% der untersuchten Boas auffällig. Neben Nephritiden bis hin zu Nephrosen war bei 39 Abgottschlangen (≙ 13%) eine Nieren- und/oder Eingeweidegicht nachzuweisen.

Unter den nicht infektiösen Organerkrankungen spielt diese Stoffwechselkrankheit gerade bei Abgottschlangen eine ganz dominierende Rolle. Neben vorausgegangenen bakteriellen oder parasitären Infektionen der Ausscheidungsorgane (z. B. einer bakteriellen Nephritis, einem starken Saugwurmbefall in den Harnleitern mit Trematoden der Gattung Styphlodora) oder auch einer Nierenschädigung nach einer Gentamycin-Therapie werden auch nicht artgerechte Haltungs- und Ernährungsbedingungen für das Entstehen dieser wohl schwersten und irreversiblen Stoffwechselerkrankung von Boas verantwortlich gemacht. Eine über lange Zeiträume zu trockene Haltung bei hohen Temperaturen, wie sie z. B. in warmen Wohnräumen starker Raucher auftritt, kann bei zudem noch unzureichender Trinkwasserversorgung in einem kleinen Wassernapf zu einer Exsikkose (innerlichen Austrocknung) und nachfolgender Auskristallisation der harnsauren Salze in den Nieren und im Körper führen (z. B. in den serösen Häuten, im Perikard, in der Leberkapsel und im Leberparenchym, um die Blutgefäße, in der Lungenwand etc.). Bei Sektionen an schwerer viszeraler Gicht verendeter Abgottschlangen erscheinen die betroffenen Organsysteme von weiß leuchtenden Uraten belegt und infiltriert. – Aus dem natürlichen Le-

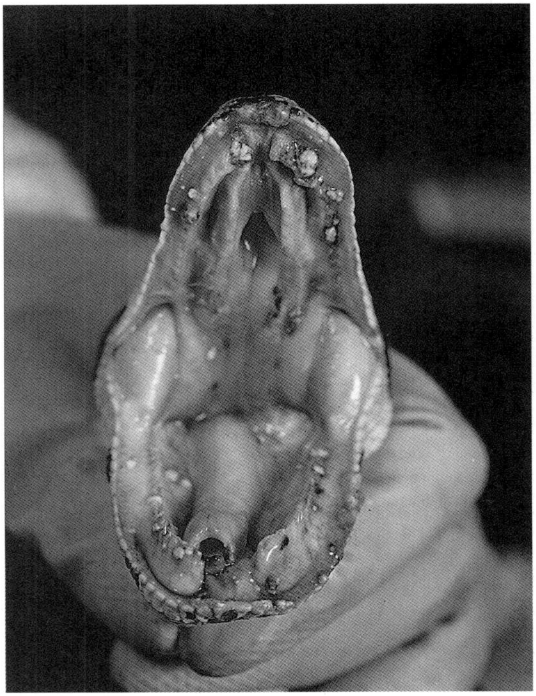

Gicht / Harnsäureablagerungen Foto: H. Bosch

bensraum sind Gicht-Erkrankungen von Abgottschlangen nicht bekannt.

Bei 14 % der Boas traten Herzerkrankungen auf. Meist hat es sich dabei um Gicht-Ablagerungen im Perikard oder auf dem Myokard gehandelt.

Bei sechs Abgottschlangen war eine Trächtigkeit am Todesgeschehen beteiligt, z. B. durch abgestorbene Embryonen (insbesondere bei Import-Weibchen). Eine Anämie (Blutarmut), in der Regel nach schwerem Milben- oder Zeckenbefall, mußte bei drei Boas festgestellt werden. Vergiftungserscheinungen, einhergehend mit zentralnervösen Störungen und Ausfallerscheinungen, z. B. nach unsachgemäßer Neguvon-Behandlung oder Medikamenten-Überdosierung, traten nach den Vorberichten bei vier Prozent dieser Abgottschlangen auf. Tumorbildungen wurden bei vier Boas angetroffen. Immerhin 14 % der sezierten Boas zeigten eine Mangelernährung (Kachexie) bis hin zur schweren Auszehrung (Marasmus).

Demgegenüber verschwinden in diesen Sektionsbefunden von 302 Abgottschlangen die in anderen Publikationen immer wieder als Hauptverantwortliche am Todesgeschehen von Terrarientieren verantwortlich gemachten Parasiteninfektionen nahezu in der Bedeutungslosigkeit! – Nur bei 21 Abgottschlangen (≙ 7 %) konnte eine Amöbiasis nachgewiesen werden. Bandwürmer wurden nur in einer Boa aufgespürt. Spulwürmer traten in diesen Sektionen bei *Boa constrictor* überhaupt nicht auf. Immerhin bei drei Abgottschlangen konnten Pentastomiden (Gattung *Porocephalus)* angetroffen werden. Milben und Zecken verlassen den toten Wirt und sind in dieser Auflistung deshalb unterrepräsentiert.

Dieser insgesamt geringe Parasitierungsgrad der sezierten Abgottschlangen hat seine Ursache darin, daß wahrscheinlich bereits zu einem erheblichen Prozentsatz (der wegen fehlender Angaben nicht zu ermitteln war) Nachzuchten in Menschenobhut zur Untersuchung kamen, die naturgemäß nur von solchen Parasitenformen heimgesucht werden können, die einen direkten Entwicklungskreislauf – von einem Wirt direkt auf den anderen – haben. Wie z. B. die Amöben der Spezies *Entamoeba invadens* (die deswegen auch am häufigsten nachzuweisen war). Auf ihre Problematik wird später nochmals eingegangen.

Faßt man die Ergebnisse dieser 302 in 25 Jahren sezierten Abgottschlangen zusammen, ist dem Befund der insgesamt schwachen Parasitierung besonderes Gewicht beizumessen. „Nur" 56 (≙ 19 %) der untersuchten Boas beherbergten eine oder mehrere der häufigsten Parasitenformen. „Nur" jede fünfte der unter Terrarienbedingungen gestorbenen Abgottschlangen war von Parasiten besiedelt. Nur in wenigen Fällen waren diese am Todesgeschehen unmittelbar beteiligt. Demgegenüber weisen sich die weitaus höheren Erkrankungsintensitäten der großen Organsysteme, sei es durch Organdegenerationen oder Infekte, als dominierend im Krankheitsgeschehen von Boas aus. Jede dritte Abgottschlange litt z. B. unter einer Lebererkrankung (z. B. Hepatitis, fettige Degeneration bis hin zur extremen Fettleber, Leberzirrhose u. a.). Etwa genausoviele Boas litten unter Gicht.

Die Problematik der Abgottschlangenpflege in Menschenobhut liegt also weniger in dem Übel und der Verbreitung von Parasiten, als vielmehr in der oft unzulänglichen bis „gesundheitsgefährdenden" Terrarienhaltung dieser Schlangen. Dies zu erkennen und entsprechende Sorgfalt auf die Optimierung der Haltungs- und Ernährungsbedingungen zu legen, unkritisch und resignierend die „Schuld" bei Ausfällen nur bei den – nach der Auffassung des Autors – zu Unrecht verteufelten Pa-

rasiten zu suchen, kann vielen betroffenen Abgottboas ein längeres und für die Halter befriedigenderes Terrariendasein sichern.
Nach den Befunden an gestorbenen und sezierten Abgottschlangen werden abschließend Krankheiten und Behandlungshinweise lebender Boas besprochen.
Das Krankheitsgeschehen von Abgottschlangen (in Menschenobhut) füllt nach derzeitigem Kenntnisstand von wahrscheinlichen Ursachen, tatsächlichen Diagnosen und möglichen Therapien bereits dicke Kompendien. Hier kann aus Raumgründen deshalb nur kurz auf einige bei Abgottschlangen häufig angetroffene Krankheitsbilder eingegangen werden. Für intensivere Studien muß z. B. auf veterinärmedizinische Speziallliteratur oder die oben erwähnten Nachschlagewerke verwiesen werden. Eindringlich wird hier aber davor gewarnt, erkrankte Terrarientiere, also auch seine Boa, in „Eigentherapie" ohne weitere Fachkenntnisse kurieren zu wollen. In jedem Falle sollte zuerst der Rat eines kompetenten Tierarztes eingeholt werden (evtl. unter Hinweis auf die oben genannten Bücher über die Erkrankungen von Terrarientieren, in denen nicht nur wertvolle Therapiehinweise auch ausgefallener Erkrankungen und weitergehende veterinärmedizinische Spezialliteratur aufgeführt sind, sondern auch Dosierungen von Narkosen, chirurgische Eingriffsmöglichkeiten etc. Eigentlich dürfen solche „Nachschlagewerke" heutzutage in keiner Tierarztpraxis, die niedere Wirbeltiere behandeln will, mehr fehlen!).
In Tab. 4 sind eine Auswahl häufiger Erkrankungen und mögliche Therapievorschläge bei Abgottschlangen aus Terrarienhaltungen aufgelistet, zu denen ergänzende Informationen erforderlich sind. Eine bedeutende Rolle spielt dabei der Gesamtkomplex der Infektionskrankheiten (Virosen, Bakteriosen, Mykosen, Parasitosen). Virusbedingte Erkrankungen werden auch bei Abgottschlangen vereinzelt nachgewiesen. Sie sind bisher aber noch kaum über das Anfangsstadium der wissenschaftlichen Bestandsaufnahme hinausgediehen und vorerst primär von akademischem Interesse. In der täglichen tierärztlichen Praxis spielen sie kaum eine Rolle, zumal eventuell mögliche Therapien weit davon entfernt erscheinen, routinemäßig Anwendung finden zu können.
Dagegen sind heute bakterielle Infektionen unter allen Krankheitsbildern von Abgottschlangen die dominierenden Erkrankungen. Vor allem bei nicht adaptierten Importtieren und gestreßten Exemplaren in völlig unzulänglichen Haltungsbedingungen fordern sie viele Opfer. Gerade unter diesen maladaptierten und hypergestreßten, immungeschwächten Abgottschlangen sind häufig Todesfälle nach ganz „banalen", oft generalisiert verlaufenden Bakterieninfektionen mit ubiquitären Trivialkeimen (Pseudomonas, Aeromonas, Klebsiella etc.) zu beklagen.
Hautmykosen treten bei nicht artgerecht, meist zu naß gehaltenen Abgottschlangen auf. Auch ein zu dichter Schlangenbesatz auf engem Raum fördert Pilzerkrankungen der Haut. Diese sind oft schon bei einer Verbesserung der Haltungsbedingungen, in hartnäckigeren Fällen nach Kultur mit nachfolgender Bestimmung des Wirkstoffes der Wahl meist ohne Probleme beherrschbar.
Unter den parasitären Infektionen sind vor allem die Schmarotzerformen mit einer direkten Entwicklung, d. h. ohne Einschaltung eines oder mehrerer Zwischenwirtes/e besonders zu beachten. Dazu gehören unter den Endoparasiten vor allem die zu Recht gefürchtete Amöbiasis (Amöbenruhr, verursacht durch *Entamoeba invadens)*. Sie kann, wenn sie latent und unerkannt ist, in einer Reptilienhal-

tung bei ungenügenden hygienischen Verhältnissen in kurzer Zeit ganze Reptilienbestände in Menschenobhut dahinraffen (Enzootien). Durch die heute üblichen Vorsichtsmaßnahmen, insbesondere die minutiöse Kontrolle von Neuzugängen in einer mehrmonatigen Quarantänehaltung, während der mehrfache Kotuntersuchungen auch auf *Entamoeba invadens*-Befall durchgeführt werden müssen, und nachfolgende rigide Terrarienhygiene hat die Amöbiasis viel von ihrem Schrecken verloren und ist beherrschbar geworden.

Der einzig zuverlässige Nachweis eines pathogenen Amöbenbefalls (also mit *E. invadens)* erfolgt – nach der Auffassung des Autors – nur über das Anlegen einer „Amöbenkultur" nach einer zuvor gezogenen, möglichst frischen Kotprobe in einer dafür qualifizierten Institution mit geschulten Fachkräften (die in der Lage sein müssen, die pathogene Amöbenart *Entamoeba invadens* von den zahlreichen völlig harmlosen, in Reptilien kommensalisch lebenden Amöbenformen zu unterscheiden). – Nicht ganz so dramatisch stellt sich heute bei Abgottschlangen der Befall mit Lungenwürmern dar. Auch sie verdienen jedoch eine intensive Nachweis- und Bekämpfungsstrategie. Lungenwürmer (Rhabdiasiden) können anhand ihrer Eier im Maulschleim und in den Faeces über Kotproben nachgewiesen werden.

Durch die allmähliche „Zurückdrängung" von Wildfängen und das dominierende Auftreten von parasitologisch „jungfräulichen" Nachzucht-Abgottschlangen bei den Boa-Haltern verlieren Parasitosen immer mehr an Bedeutung.

Nur bei frisch importierten Wildfängen können dagegen nach wie vor eine Vielzahl parasitärer, mehr oder weniger „gefährlicher" Lebewesen nachgewiesen werden.

Ein weiterer Grund für den Boa-Liebhaber, auf Importtiere, also Wildfänge aus dem jeweiligen natürlichen Verbreitungsgebiet des begehrten Abgottschlangen-Taxons zu verzichten! Im natürlichen Lebensraum werden alle Boas regelmäßig von Milben und Zecken besiedelt. Vor allem auf frischen Importtieren können diese ektoparasitischen Blutsauger noch angetroffen werden. Da sie für ihre Entwicklung keine Zwischenwirte benötigen und mitunter durch ihre Wanderungsbewegungen von einem Wirt zum anderen schnell einen ganzen Reptilienbestand „durchseucht" haben, gehören sie – wie *Entamoeba invadens* – zu den Schmarotzerformen, die auf keinen Fall quasi als „blinde Passagiere" in einen gesunden Reptilienbestand eingeschleppt werden dürfen. Am einfachsten können sie während der Quarantäne in einem Steril-Terrarium erkannt und ausgemerzt werden.

Endoparasiten, deren pathogene Relevanz noch nicht bekannt ist, die aber bei Wildfängen regelmäßig angetroffen werden, stellen Plasmodien (Protozoen aus der Gruppe der Malaria-Erreger des Menschen), Trypanosomen und Haemogregarinen dar. Bei den wenigen parasitologischen Freilanduntersuchungen an Abgottschlangen wurden diese vorwiegend in den Blutzellen ihrer Wirtsschlangen lebenden Einzeller regelmäßig nachgewiesen (z. B. PESSOA, S., & FLEURY, G.C., 1969; BALL, G.H., et al 1969; MORENO, E., & BOLANDS, R., 1977).

Trematoden (Saugwürmer) und Cestoden (Bandwürmer) können dagegen bei schwerem Befall in Einzelfällen auch den Tod ihrer Wirtsschlange herbeiführen, ebenso wie Ascariden (Spulwürmer) im Magen oder Pentastomiden (Zungenwürmer) in den Lungen. Bei einer Befallsintensität, wie sie normalerweise bei Schlangen im natürlichen Lebensraum angetroffen wird, haben aber viele dieser Endoparasiten eher eine rein akademische

Wildfangtiere wie diese *B. c. constrictor* sind oft übersät mit Zecken und Milben. Foto: M. Schmidt

Relevanz, vor allem für den forschenden Parasitologen. Da ihre Entwicklung über Zwischenwirte verläuft, die in Terrarien normalerweise nicht präsent sind, können sie nicht von einem Endwirt auf einen anderen übertragen werden. Sie sind lediglich für das betroffene Einzeltier von Bedeutung. Das aber oft über viele Jahre! Bandwürmer können über 30 Jahre alt werden und somit mit ihrem Wirt „auf Rente gehen", ebenso wie Pentastomiden aus der Gattung *Porocephalus,* die häufig ihren Wirt „überleben". – Bei Sektionen alter, lange Zeit in menschlicher Obhut gehaltenen Wildfang-Abgottschlangen hat der Autor immer wieder noch vitale Bandwürmer oder Porocephaliden angetroffen, die in ihrem begrenzten Lebensraum, Dünndarm bzw. Lungen, keinerlei pathologische Veränderungen provoziert hatten. Solche augenscheinlich ausgeglichenen Parasit-Wirt-Beziehungen, die man in der Regel im natürlichen Lebensraum antrifft, sind unter den stressigen, den Wirt benachteiligenden Gefangenschaftsverhältnissen nicht die Regel und auf die Fälle guter Haltungsbedingungen limitiert. Unter katastrophalen Pflegebedingungen kann auch schon ein minimaler, sonst eigentlich harmloser Parasitenbesatz zum Exitus des Wirtes führen!

Erkannte und z. B. über Kotuntersuchungen eindeutig angesprochene Parasitenformen, die ohne großen Schaden für den Wirt abgetrieben werden können, sollten mit gut verträglichen Antiparasitika aus dem Boa-Bestand eliminiert werden, insbesondere dann, wenn man mit seinen Tieren eine Zucht betreiben will (dies gilt insbesondere für all die „mitessenden" Formen, die in Lungen und Magen-Darm-Trakt leben, also Nematoden und Cestoden). Nur wenn die Beseitigung der

Parasiten mit unkalkulierbaren Risiken für den Wirt verbunden ist, muß abgewogen werden, ob man die Schlange nicht lieber mit ihren Parasiten alt werden läßt und auf ein normales Aussterben der jeweiligen Parasitenform hofft (dies gilt z. B. für einen Pentastomidenbefall). Der Autor kennt schon seit über 10 Jahren eine weibliche Madagaskar-Boa mit einem über regelmäßige Kotuntersuchungen kontrollierten Pentastomidenbefall. Dieser hat die Schlange aber nicht daran gehindert, sich erfolgreich zu paaren und gesunden Nachwuchs zu produzieren! Demgegenüber hätte ein Abtötungsversuch der Pentastomiden durch die Zerfallsprodukte der in den Lungen verbleibenden Pentastomiden möglicherweise zum Exitus dieser seltenen und wertvollen Schlange geführt, die augenscheinlich unter ihrer „Pentastomidenbürde" nicht nachweisbar zu leiden scheint und auch nach der Trächtigkeit „noch" in guter Kondition ist!

Darüber hinaus kann man bei Abgottschlangen – wie vor allem aus der Primärliteratur in Fachzeitschriften hervorgeht – noch eine Vielzahl von infektiösen und nicht infektiösen Erkrankungen nachweisen, insbesondere auch benigne und maligne Tumorbildungen, die nicht therapierbar sind. Diese „Spezialfälle" sind aber so selten, daß sie nicht einmal in den oben empfohlenen „Standardwerken" der aktuellen Reptilienmedizin Berücksichtigung gefunden haben, teilweise auch erst der wissenschaftlichen Beschreibung harren. Nur bei einem Prozent von 302 sezierten Abgottschlangen (s. o.) waren z. B. Tumorbildungen nachzuweisen.

Eine Lungenentzündung läßt sich wie bei dieser „Hog-Island-Phase" einer *B. c. imperator* oft schon am leicht geöffneten Maul, an aufgeblähten Lungen-/Luftsäcken und deutlich zu vernehmenden Atemgeräuschen erkennen. Foto: B. Sanders

Diese *B. c. occidentalis* leidet an einer extremen Mundfäule. Die Erkrankung ist bereits so weit fortgeschritten, daß eine erfolgreiche Behandlung nicht mehr möglich war. Foto: H. Bosch

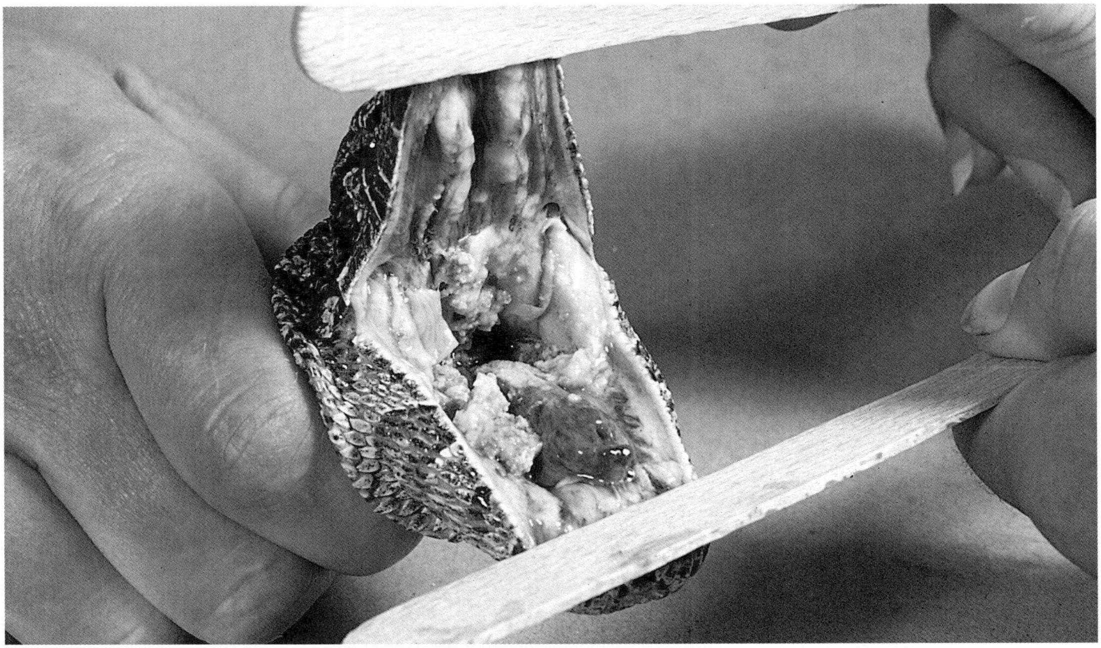

Tab. 4 Häufige Erkrankungen von Abgottschlangen und mögliche Therapievorschläge (in Anlehnung an ISENBÜGEL & FRANK, 1985, abgeändert und ergänzt)
(kg = Kilogramm; KGW = Körpergewicht; mg = Milligramm; o = oral; s.c. = subcutan)

Erkrankung	Symptome	Ursachen	Therapie/Bemerkungen
Pneumonie (Lungen-entzündung)	Geöffnetes Maul, zäher Schleim in der Maulhöhle, Atemnot, röchelndes Atemgeräusch, gestreckte Körperhaltung. Im Endstadium Krämpfe bis zum Exitus.	1) Bakterielle Infektionen verschiedener Erregerarten, begünstigt durch Zugluft. 2) Lungenwurm-Befall (Rhabdiasiden) (= verminöse Pneumonie) 3) Pilzinfektionen (sehr selten)	1) Ermittlung der Sensibilität der Erreger im Maulschleim (Antibiogramm) wird vor einer Therapie empfohlen. – Terramycin LA® (Pfizer): 50 mg Wirkstoff pro kg KGW, 5 mal im Abstand von 2-3 Tagen, s.c. – Baytril® (Bayer): 5-10 mg Wirkstoff pro kg KGW, 5 Tage, s.c. 2) RINTAL® (Bayer): 50 mg Wirkstoff pro kg KGW, 5-7 Tage, o. 3) Infaüst.
Gastro-Enteritiden (Magen-Darm-Entzündungen)	Auswürgen gefressener Beutetiere nach 1-3 Tagen. Häufiges Trinken. Schmieriger, stinkender Kot.	1) Bakterielle Infektionen verschiedener Erregerarten. 2) Starker Nematodenbefall.	1) Chloromycetin® (Parke-Davis): 50 mg Wirkstoff pro kg KGW, 7 Tage, o. 2) s. u.
Stomatitis ulcerosa (Maulfäule)	Anfangs Maulschleimhaut stark gerötet, später blaß mit nekrotischen Auflagerungen, endend in tiefen kraterförmigen „Abszeßhöhlen" und Zahnausfall.	Bakterielle Infektionen verschiedener Erregerarten, die auch bei Pneumonien und Gastro-Enteritiden nachgewiesen werden.	Lokales Betupfen mit einem Sulfonamid, z. B. Bayrena® (Bayer), täglich 2 mal. Besser systemische Behandlung wie bei Pneumonie, da oft sichtbares Symptom einer innerlichen Bakteriose.
Abszesse	Weiche beulenartige Hauterhebungen	Bakterielle Infektionen verschiedener Erregerarten.	Spalten und Ausräumen des Abszeßherdes. Auftragen eines antibiotischen Puders, z. B. Terramycin® (Pfizer) bis zur trockenen Ausheilung der Abszeßwunde.
Hautinfektionen	Rötlich unterlaufene nässende Hautbereiche, oberste Hornschicht leicht verschiebbar.	Oft mykotische, bisweilen bakteriologische Infektionen, häufig als Mischinfektionen.	Mitunter bringt schon eine oberflächliche Behandlung mit einem antibiotischen Puder (Terranycin®, Pfizer) Erfolg. – In hartnäckigen Fällen oberflächliche Behandlung mit Gentiana-Violett, konzentrierte alkoholische Lösung (Chroma), täglich. – Asterol® (Hoffmann-La Roche), mehrmals täglich auftragen (nur in der Schweiz erhältlich).
Häutungs-schwierigkeiten	„Alte" Hautschichten in mehreren Lagen.	Zu trockene Haltung. – Evtl. Vitamin-A-Mangel.	Haltungsbedingungen ändern. Luftfeuchtigkeit erhöhen. – Futtertiere adäquat ernähren.

Erkrankung	Symptome	Ursachen	Therapie/Bemerkungen
Kotstau	Vor der Kloake im Enddarm palpierbare, in der Regel verschiebbare Kotverhärtungen. – Nahrungsverweigerung (Anorexie).	Lange Trockenhaltung ohne Trinkwasser.	Ausreichend Trinkwasser. – Paraffinöl, o, je nach Größe der Schlange, wenige ml bis zu 50 ml, evtl. mehrmals.
Viszerale und Nierengicht	Meist wenig charakteristisch. In schweren Fällen Uratablagerungen entlang der Zahnleisten, in der Maulschleimhaut erkennbar. Apathie, Anorexie. Schlangen wirken „müde".	Multifaktorielles Geschehen. – Oft zu trockene Haltung. – Parasitäre Infektionen der Nieren (Trematoden). – Medikamentenschädigung (z.B. hohe Dosen von Gentamycin) der Nieren. – Bakterielle Infektionen der Nieren.	Irreversible Stoffwechselerkrankung. – Haltungsbedingungen überprüfen.
Amöbiasis (Amöbeninfektion)	Breiiger Kot mit Blutbeimengungen. Starkes Trinkbedürfnis. Im Endstadium Nahrungsverweigerung. Vor der Kloake im Enddarm palpierbare nicht verschiebbare Darmverhärtung. Unphysiologische Körperhaltung. Krämpfe vor dem Exitus.	Infektion mit *Entamoeba invadens.*	Clont® (Bayer): 400 mg Wirkstoff pro kg KGW und Tag, o., über 6 Tage Behandlung nicht überschreiten. Behandlung nach 2 Wochen wiederholen. – Gute Prognose nur bei Eingriff im Anfangsstadium der Erkrankung. – Alle Schlangen, die mit einer „Amöbenschlange" Kontakt hatten, prophylaktisch behandeln.
Nematodenbefall des Magen-Darm-Traktes	Bei schwerem Befall Apathie und Anorexie. – Die jeweils charakteristischen Eier der verschiedenen Wurmarten sind im Kot nachweisbar.	Befall mit verschiedenen Fadenwurmarten. 1) Ascariden (Spulwürmer) im Magen 2) Strongyliden im Darmtrakt	1) Panacur® (Hoechst): bis 50 mg Wirkstoff pro kg KGW, 1-3 mal, o., im Abstand von einigen Tagen. Behandlung u. U. wiederholen. 2) Rintal® (Bayer): bis 50 mg Wirkstoff pro kg KGW, 1-3 mal o., wird gut vertragen.
Cestodenbefall (Bandwurmbefall)	Trotz regelmäßiger Nahrungsaufnahme kein Wachstum und keine Gewichtszunahme. – Eier bzw. Proglottiden (Bandwurmglieder) im Kot nachweisbar.	Starke Bandwurmbürde (verschiedene Arten) im Dünndarm.	Droncit® (Bayer): bis 50 mg Wirkstoff pro kg KGW, 1-2 mal, o.
Milbenbefall	Rauhe, trockene, abstehende Schuppen, übersät mit weißlichen Stippchen (≙ Milbenexkremente). – Schlangen baden häufig.	Befall mit der Schlangenmilbe (Ophionyssus).	Neguvon®-Sackbehandlung der befallenen Schlangen. – Ausräumen und Neudekoration des Geheges. – Vapona-Strip® (Shell-Chemie): Einhängen kleiner Streifen ins Terrarium, 0,5 cm. Streifen entsprechen ca. 0,25 m^3 Terrarium. Schlangen beobachten.

10. Schutzbestimmungen, Handel

Alle Python- und Boaschlangen, also auch alle Einheiten unserer Abgottboas, gelten in ihrem natürlichen Bestand als gefährdet. Im Washingtoner Artenschutzübereinkommen (WA), dem mittlerweile die meisten Staaten beigetreten sind, werden Abgottschlangen seit 1976 im Anhang II geführt. Nach der „Convention on the International Trade in Endangered Species" (CITES) benötigen Boas deshalb für den Import und Export sowie für ihre Haltung in Menschenobhut spezielle Genehmigungen und CITES-Bescheinigungen. Die Argentinische Abgottschlange *(Boa constrictor occidentalis)* gilt derzeit bereits als stark bedroht und wird als bisher einzige Abgottschlangenform seit 1987 sogar im Anhang I des WA, also in der höchsten Schutzkategorie, geführt. Ihr Export aus dem natürlichen Verbreitungsgebiet Argentinien und Paraguay ist strikt verboten. Für den Handel mit Gefangenschafts-Nachzuchten und bereits sehr lange Zeiten in menschlicher Obhut gepflegten Exemplaren gelten verschärfte Bestimmungen. – Grundsätzlich muß allen (potentiellen) Boaliebhabern (dringend !!!) empfohlen werden, beim Erwerb von Abgottschlangen, egal, ob aus dem Handel oder aus Privathaltungen, auf der zeitgleichen Aushändigung der zu den betreffenden Boa-Individuen gehörenden CITES-Bescheinigungen (die praktisch „Personal-Ausweisen" für die einzelnen Individuen entsprechen) zu bestehen. Ebenso müssen alle Abgottschlangen und deren eventuelle Nachzuchten bei der zuständigen Unteren Landschaftsbehörde angemeldet und die erforderlichen CITES-Bescheinigungen für die Nachzuchten beantragt werden (auch wenn dies mit manchmal sehr viel Aufwand verbunden ist). Noch vor 20 Jahren, vor dem Inkrafttreten des Washingtoner Artenschutzübereinkommens, herrschten für Boa-Liebhaber geradezu paradiesische Zustände, wie man aus einer Schilderung von BECHTLE (1971) entnehmen kann: „Babys (von *Boa constrictor*) werden im Handel sehr häufig angeboten. Man zahlt nach der Länge des Tieres. Der Zentimeter Abgottschlange kostet zwischen 70 Pfennig und 1 Mark." Eine bemerkenswerte „Empfehlung" wird von diesem Autor einige Zeilen später verkündet: „Leider werden auch Abgottschlangen mit zunehmendem Alter bissig und dann fast immer in den Zoo gegeben." Vor dem Hintergrund derartigen Tierhaltungs-Verständnisses müssen wenigstens die so massiv „bedrohten" zoologischen Gärten und ähnliche Institutionen für die Einführung des Washingtoner Artenschutzübereinkommens und der CITES-Reglementierung geradezu dankbar sein und sie als eine Art rettendes „Bollwerk" in einer sonst nicht mehr zu bändigenden „Springflut" von „bissigen Boas" empfinden! – Die Problematik zu groß gewordener Abgottschlangen in beengten Wohnzimmer-Terrarien besteht zwar weiterhin, aber wahrscheinlich in erheblich geringerem Ausmaß als ohne die CITES-Konvention. Zoologische Gärten sind heute aus vielerlei Gründen nur noch selten in der Lage, „unbequem" gewordenen Abgottschlangen aus privaten Haltungen ein adäquates dauerhaftes „Asyl" zu bieten. Über die geographische Herkunft und taxonomische Einordnung solcher „Wohnzimmer-Boas" liegen meist kaum mehr Informationen vor als die ungefähre Haltungszeit bei dem derzeitigen Besitzer. Die Zoos sind aber andererseits bemüht, nur möglichst reine Formen mit definierten Fundorten zu pflegen, und von diesen aus Raum-

gründen nur eine begrenzte Anzahl. Wohin dann später mit seiner taxonomisch undefinierbaren „Boa-Altlast"? – Es wäre gut, sich diese Frage schon vor dem Erwerb einer Abgottschlange zu stellen!
Wie bereits in Kapitel 8 aufgeführt, sind trotz der CITES-Restriktionen immer noch nahezu unglaubliche Individuenzahlen von Abgottschlangen „im Umlauf". Nur selten trifft man aber in der Literatur auf konkrete Zahlen der durch den Handel geflossenen Abgottschlangen, seien es lebende Exemplare (mit der Destination Haltung in menschlicher Obhut), oder bereits zu Leder verarbeitete Häute. Zudem scheint gerade in den letzten Jahren eine große Scheu zu bestehen, derartige Zahlen in die Öffentlichkeit zu tragen.
1971 (also vor Inkrafttreten des WA) waren unter insgesamt 403 319 aus Kolumbien ausgeführten Reptilien z. B. 27 727 (!) *Boa constrictor*. Hauptabnehmer waren USA, Deutschland, Japan, Frankreich, Schweiz und Italien. Der Handel mit lebenden Reptilien beträgt dabei nur etwa ein Zehntel des Gesamthandels mit „Reptilienprodukten" (HONEGGER, 1974).
Nach Inkrafttreten des WA scheinen die Zahlen importierter Abgottschlangen – wenigstens diejenigen für die Haltung in menschlicher Obhut – abgenommen zu haben. Für die Schweiz berichtet DOLLINGER (1979) z. B. für das Jahr 1976 „nur" noch 356 eingeführte *Boa constrictor* und für 1977 gar „nur" noch 272 importierte Abgottschlangen. Ähnliche Zahlen dürften auch für andere „Verbraucherländer" gelten. Der aktuelle Trend im „Boahandel" hat sich eindeutig verschoben von dem Import wildgefangener Abgottschlangen zum Handel mit in menschlicher Obhut nachgezogenen Boas (siehe unter 8).

Die Vernichtung der Biotope schreitet voran. Foto: M. Schmidt

11. Danksagung

Herr PD Dr. Wolfgang Böhme, Museum Alexander Koenig, Bonn, verhalf während der Vorbereitungsphase in überaus hilfsbereiter Weise zu wertvoller Literatur und gab kritische Hinweise. – Herr Ulrich Sieling, Düren-Merken, hat durch die akribischen Beobachtungen seiner langjährigen erfolgreichen Boidenzucht ganz wesentlich zum gegenwärtigen Stand der Erkenntnisse in der Fortpflanzungsbiologie von Abgottschlangen beigetragen. Ihm verdanke ich die entscheidenden Daten zur Trächtigkeit von *Boa constrictor (occidentalis)*. – Die Zoologischen Gärten Dortmund und Stuttgart (Wilhelma) stellten bereitwillig ihre Nachzuchtdaten von *Boa constrictor* zur Verfügung. Herrn Direktor Dr. W. Bartmann und Frau I. Schappert (Tierpark Dortmund) und Herrn Direktor Dr. D. Jauch und Herrn U. Fritz (Wilhelma Stuttgart) möchte ich hierfür herzlich danken.

Die Herren Dr. Jacobs (Paderborn), Bonny (Köln), Hermida (Neuss) und Sanders (Riesenbeck) boten bereitwillig ihre Abgottschlangen für Fotos an und gaben wichtige Hinweise, ebenso wie Herr Buchmann, München. – Im Löbbecke Museum + Aquazoo, Düsseldorf, konnte ich Bibliothek und verschiedene technische Faszilitäten nutzen. – Herr Gunther Köhler, Offenbach, der den herpetologischen Nachlaß von Professor W. Frank übernommen hat und verwaltet, stellte freundlicherweise die Sektionsprotokolle des Zoologischen Institutes, Fachgebiet Parasitologie, der Universität Hohenheim zur Auswertung zur Verfügung. – Nicht zuletzt gebührt meiner Frau Gisela und meinen Söhnen Bastian und Carsten ein besonderer Dank für die aufgebrachte Geduld. Viel zu oft mußte sich der Autor in die Literatur und das Manuskript vergraben!

12. Literaturverzeichnis

Arendt, W.J. & Anthony, D. (1986): *Bat predation by the St. Lucia Boa (Boa constrictor orophias).* – Caribbean Journal of Science, **22**(3-4): 219-220.

Ball, G.H., Chao, J. & Telford, S.J.Jr. (1969): *Hepatozoon fusifex. New Species of a Hemogregarine from Boa constrictor, producing marked morphological changes in infected erythrocytes.* Journal of Parasitology, **55**(4): 800-813.

Barbour, Th. (1906): *Vertebrata from the savannah of Panama: Reptilia, Amphibia.* – Bull. Mus. Comp. Zool., **46**(12): 226.

Barbour, Th. (1930): *A list of Antillean reptiles and amphibians.* – Zoologica, N.Y. Zoological Society, **11**(4): 61-116.

Bechtle, W. (1971): *Bunte Welt im Terrarium.* Franckh'sche Verlagsbuchhandlug Keller & Co., Stuttgart.

Bellairs, A. (1969): *The life of reptiles.* Weidenfeld and Nicolson, New York, 2 volumes.

BNA-Nachzucht-Statistik (1989): siehe unter Kleefisch

Böhme, W. & Sieling, U. (1993): *Zum Zusammenhang zwischen Genitalstruktur, Paarungsverhalten und Fortpflanzungserfolg bei squamaten Reptilien: erste Ergebnisse.* – Herpetofauna **15**(82): 15-23.

Bogert, Ch.M. & Oliver, A.J. (1945): *A preliminary analysis of the herpetofauna of Sonora.* – Bull. Amer. Mus. Nat. Hist., **83**: 297-426.

Bosch, H. & Frank, W. (1983): *Häufige Erkrankungen bei im Terrarium gehaltenen Amphibien und Reptilien.* Salamandra, **19**: 29-54.

Boulenger, G.A. (1893): *Cat. Snakes Brit. Mus.*, **1**: 116-120.

Bowler, K.J. (1977): *Longevity of Reptiles and Amphibians in North American Collections.* Zool. Soc. Philadelphia.

Brattstrom, B.H. (1965): *Body temperatures of reptiles.* Amer. Midl. Natur., **73**: 376-422.

Brygoo, E.R. (1982): *Les opphidiens de Madagascar.* Mem. Inst. Butantan, **46**: 19-58.

Buning, T.D.C. (1983): *Thresholds IR sensitive tectal neurons in Python reticulatus, Boa constrictor and Agkistrodon rhodostoma.* J. of Comp. Physiol., **151**(4): 461-468.

Cadle, J. (1987): *Geographic Distribution: Phylogeny and Zoogeography. In: Snakes: Ecology and Evolutionary Biology.* Seigel, R.A., Collins, J.T. & Novak, S.S. (eds.), Macmillan, New York, Toronto, London.

Chiodini, R.J. & Sundberg, J.P. (1982): *Blood chemical values of the Common Boa constrictor (Constrictor constrictor).* Amer. J. of vet. Res., **43**(9): 1701-1702.

Chippaux, J.-P. (1986): *Les Serpents de la Guyane Francaise.* – Editions de l'ORSTOM Faune Tropicale, **27**: 1-165.

Coborn, J. (1991): *The Atlas of Snakes of the World.* t.f.h.

Cope, E.D. (1877): *Synopsis of the cold-blooded Vertebrata* procured by Prof. Orton in Peru. – Proc. Amer. Philosoph. So., **100**: 33-48.

Da Cunha, O.R. & Do Nascimento, F.P. (1981): Ophidia of Amazonia 12. *Observations on viviparity in snakes of Para and Maranho Brazil. Aniliidae, Boidae, Colubri-*

dae and Viperidae. Boletin do Museu Paraense Emilio Goeldi. Nova Serie Zoologica. **0**(109): 1-20.

Daudin, C. (1803): Hist. Nat. Rept., **5**: 150.

Davis, D.D. (1936): *Courtship and mating behavior in snakes.* – Field. Mus. Nat. Hist. Chicago, Zool. Ser., **20**: 257-290.

De Vosjoli, P. (1990): *The General Care and Maintenance of Red-tailes Boas.* The Herpetocultural Library. Series 200. Advanced Vivarium Systems, Lakeside, Ca 92040, USA.

Ditmars, R.L. (1952): *Snakes of the World.* Macmillan Company, New York.

Dixon, R.L. (1979): *Origin and distribution of reptiles in lowland tropical rainforests of South America.* In: Duellman, W.E. (ed.): *The South American Herpetofauna, its origin, evolution and dispersal.* Univ. Kansas Mus. Nat. Hist. Monogr., **7**: 1-485.

Dollinger, P. (1979): *Control of the reptile trade in Switzerland.* Int. Zoo Yearb., **19**: 28-31.

Dowling, H.G. & Savage, J.M. (1960): *A Guide to the Snake Hemipenis. A survey of Basic Structure and Systematic Characteristics.* Zoologica, New York, **45**(1): 17-28.

Dowling, H.G. & Duellman, W.E. (1978): *Systematic Herpetology: a synopsis of families and higher categories.* Publications in Herpetology, New York, **7**.

Duellman, W.E. (1966): *The Central American Herpetofauna: An Ecological Perspective.* Copeia, **4**: 700-719.

Duellman, W.E. (1979): *The South American herpetofauna: Its origin, evolution, and dispersal.* No. 15. *The herpetofauna of the Andes: patterns of distribution, origins, differentiation, and present communities.* Monograph 7. Mus. Nat. Hist., Univ. Kansas, 371-459.

Emsley, M. (1977): *Snakes of Trinidad and Tobago.* Bull. Maryland Herp. Society.

Engelmann, W.E. & Obst, F.J. (1981): *Mit gespaltener Zunge. Aus der Biologie und Kulturgeschichte der Schlangen.* Herder, Freiburg, Basel, Wien.

Fitch, H.S. (1970): *Reproductive Cycles in Lizards and Snakes.* – Univ. Kansas Mus. Nat. Hist. Misc. Publ., **52**: 1-247.

Flindt, R. (1986): *Biologie in Zahlen.* G. Fischer Verlag, Stuttgart, New York.

Forcart, L. (1951): *Nomenclature remarks on some generic names of the snake family Boidae.* – Herpetologica, **7**: 197-199.

Frank, W. (1978): *Schlangen im Terrarium. Haltung und Pflege ungiftiger Schlangen.* Franckh, Stuttgart..

Frost, D.R. & Hillis, D.M. (1990): *Species in concept and practice: herpetological applications.* – Herpetologica, **46**(1): 78-104.

Gabrisch, K. & Zwart, P.; Hrsg. (1984): *Krankheiten der Heimtiere.* Schlütersche Verlagsanstalt, Hannover.

Gensch, W. (1969): *Breeding boa hybrids, Constrictor c. constrictor x Constrictor c. imperator at Dresden Zoo.* Int. Zoo Yearb., **9**: 52.

Grzimek, B., Vogel, Z. & Wendt, H. (1971): *Die Riesenschlangen.* In: Grzimeks Tierleben, Band **6**: 367-389. Kindler Verlag, Zürich.

Hensel, H. (1975): *Static and dynamic activity of warm receptors in Boa constrictor.* – Pfliegers, Archiv, European Journal of Physiology, **353**(3): 191-200.

Hensel, H. & Schaefer, K. (1981): *Characteristics of IR receptors in Boa constrictor rai-*

sed at various temperatures. Pfluegers Archiv, European Journal of Physiology, **389** (Suppl.): R26.

Hensel, H. & Schaefer, K. (1981): *Activity of warm receptors in Boa constrictor raised in various temperatures.* Pfluegers Archiv, European Journal of Physiology, **392**(2): 95-98.

Herter, K. (1960): *Das Tierreich* VII/4 *Kriechtiere.* – Sammlung Göschen, Band 447/447a. Berlin.

Honegger, R. (1974): *The reptile trade.* Int. Zoo Yearb., 47-52.

Hudson, D.M. (1981): *Blood parasitism incidence among reptiles of isle of Roatan, Honduras.* – Journal of Herpetology, **15**(3): 377-379.

International Zoo Yearbook: Band 1-31, P.J.S. Olney et al (eds). – Published by the Zoological Society of London.

Ippen, R., Schröder, H.-D. & Elze, K. (1985): *Handbuch der Zootierkrankheiten.* Band 1 Reptilien. Zusammengestellt und bearbeitet von R. Ippen, P. Zwart und H.-D. Schroeder. Akademie-Verlag, Berlin.

Isenbügel, E. & Frank, W. (1985): *Heimtierkrankheiten.* Ulmer Verlag, Stuttgart.

Jan, X. (1863): Elenco Sistema Ofidi: **23**.

Jarofke, D. & Lange, J. (1993): *Reptilien, Krankheiten und Haltung.* Parey Verlag, Berlin, Hamburg.

Kazacos, K.R. & Fisher, L.F. (1977): *Renal styphlodoriasis in a Boa constrictor.* – Journal of the American Veterinar Medical Association, **171**(9): 876-878.

Kleefisch, Th., Herausgeber (1989): *BNA – Nachzucht – Statistik.* – Verlag Bundesverband für fachgerechten Natur- und Artenschutzt e. V. Köln.

Kluge, A.G. (1991): *Boine Snake Phylogeny and Research Cycles.* – Misc. Publ. Mus. Zool., Univ. Michigan, **178**: 1-58.

Lancini, A.R. & Kornacker, P.M. (1989): *Die Schlangen von Venezuela.* – Verlag Armitano Editores C.A., Caracas, Venezuela..

Langhammer, J.K. (1983): *A New Subspecies of Boa constrictor, Boa constrictor melanogaster, from Ecuador* (Serpentes: Boidae). – Tropical Fish Hobbyist, Neptune City/N.Y., **32**(4): 70-79 (Dec. 1983).

Laszlo, J. (1977): *Pracitcal methods of inducing mating in snakes using extended day lengths and darkness.* – AAZPA Reg. Conf. Proc., 204-210.

Laszlo, J. (1979): *Notes on reproductive patterns of reptiles in relation to captive breeding.* – Int. Zoo Yearbook, **19**: 22-27.

Laszlo, J. (1984): *Further notes on reproductive patterns of amphibians and reptiles in relation to captive breeding.* Int. Zoo Yearbook, **23**: 166-174.

Lazell, J.D. Jr. (1964): *The Lesser Antillean represantatives of Bothrops and Constrictor.* – Bull Mus. Comp. Zoll., **132**(3): 245-273.

Linnaeus, C. (1758): *Systema naturae*, ed. 10, **1**: 215.

Lopes, H.R., Rocha, C.F.D & Abe, A.S. (1991): *Constriction Behavior in Snakes: Is there a Side Dominance?* Rev. Brasil. Biol., **51**(4): 853-856.

Luttenberger, F. (1964): *Bemerkenswerte Boa-Nachzucht im Tiergarten Schönbrunn.* – DATZ **17**: 88-90.

Marcus, L.C. (1983): *Amphibien und Reptilie- in in Heim, Labor und Zoo.* – Enke Verlag, Stuttgart.

McDowell, S.B. (1987): *Systematics. In: Sna-*

kes. Ecology and Evolutionary Biology. 3-50. Macmillan Publishing Company, New York.

McGinnis, S.M. & Moore, R.G. (1969): *Thermoregulation in the Boa constrictor.* – Herpeotologica, **25**: 38-45.

Mehrtens, J.M. (1987): *Living Snakes of the World.* – Sterling Publishing Company, New York.

Meyer-Holzapfel, M. (1955): *Bericht über die Bastarde von Constrictor c. occidentalis x Constrictor c. constrictor im Berner Tierpark.* – Auquar. Terr. Z., **8**(11): 301-302.

Mole, R.H. (1924): *The Trinidad Snakes.* – Proc. Zool. Soc. London, Nr 11: 235-278.

Monguillot, J.C. (1988): *Contribucion al conocimiento de Boa constrictor occidentalis* (Phil.) (Reptilia: Boidae). – In: Amphibia y Reptilia (Conservacion). **1**(5). Ed. T. Waller.

Montgomery, G.G. & Rand, A.S. (1978): *Movements, body temperature and hunting strategy of a Boa constrictor.* – Copeia, 1978 (3): 532-533.

Moreno, E. & Bolanos, R. (1977): *Hemogregarinas en serpientes de Costa Rica.* – Revista de Biologica Tropical, **25**(1): 47-58.

Obst, F.J., Richter, K. & Jacob, U. (1988): *The completely illustrated Atlas of Reptiles and Amphibians for the Terrarium.* – t.f.h. Publications.

Perkins, C.B. (1954): *Longevity of snakes in captivity in the United States as of January 1,* 1954. – Copeia, 1954 (3): 229-230.

Pessoa, S.B. & Fleury, G.C. (1969): *Duas Novas Especies de Tripanosomas Parasitas de Serpentes do Brasil.* – Rev. Brasil. Biol., **29**(1): 81-86.

Peters, G. (1967): *Familie Boidae – Riesenschlangen.* In: Urania Tierreich, Band 9: 471 ff., Urania Verlag, Leipzig, Jena, Berlin.

Peters, J.A., Orejas-Miranda, B. (1986): *Catalogue of the Neotropical Squamata.* Part I: Snakes. Revised edition (from 1970). With new material by P.E. Vanzolini, U.S. Nat. Mus. Bull., **297**: 37-38.

Petzold, H.G. (1984): *Die Anakondas.* – Neue Brehm Bücherei, **554.**

Philippi (1873): Zeitschr. Ges. Naturwiss. (Halle), **41**: 128.

Plasa, L. (1985): *Fünf Meter Nachwuchs.* – Aquar. Mag., **19**(6): 241.

Price, R.M. & Russo, P. (1991): *Revisionary comments on the genus Boa with the description of a new subspecies of Boa constrictor from Peru.* – Snake, **23**(1): 29-35.

Reichenbach-Klinke, H.H. (1977): *Krankheiten der Reptilien.* VEB Gustaf Fischer Verlag, Jena.

Ross, R.A. & Marzec, G. (1990): *The Reproductive Husbandry of Pythons and Boas.* – Institute for Herpetological Research, Stanford, California.

Savage, J.M. (1966): *The Origins and History of the Central American Herpetofauna.* – Copeia, 1966 (4):719-773.

Seigel, R.A., Collins, J.T. & Novak, S.S. (1987): *Snakes: Ecology and Evolutionary Biology.* – Macmillan Publishing Company, New York, Toronto, London.

Shaw, C.E. (1957): *Longevity of Snakes in Captivity in the United States as of January 1,* 1957. – Copeia, 1957 (4): 310.

Sieling, U. (1993): *Mündliche Mitteilungen.*

Smith, H.B. (1943): Summary of the collections of snakes and crocodilians made in Mexico under the Walter Rathbone Bacon Travelling Scholarship. – Proc. U.S. Natl. Mus., **93**: 349-504.

Smith, H.M. (1990): *The Universal Species Concept.* – Herpetologica, **46**(1): 122-124.

Stafford, P.J. (1986): *Pythons and Boas.* – t.f.h. Publications.

Stimson, A.F. (1969): *Liste der rezenten Amphibien und Reptilien. Boidae – Das Tierreich,* **89**: I-XI, 1-49.

Stull, O.G. (1932): *Five new subspecies of the family Boidae.* – Occ. Papers Boston Soc. Nat. Hist., **8**: 25-30.

Stull, O.G. (1935): *A check list of the family Boidae.* – Proc. Boston Soc. Nat. Hist., **40**(8): 387-408.

Thomas, M.E. (1974): *Bats as a food source for Boa constrictor.* – Journal of Herpetology, **8**(2): 188.

Vanzolini, P.E. (1986): In Peters, J.A. & Orejas-Miranda, A.B.: *Catalogue of the Neotropical Squamata, Part I, Snakes. Addenda and corrigenda.* – U.S. Nat. Mus. Bull., **297**.

Vergner, J. (1992): *Bemerkungen über das Sexualverhalten der Abgottschlange Boa constrictor.* Linnaeus, 1758. – Herpetofauna, **14**(81): 23-26.

Vergnerova, O. & Vergner, J. (1976): *The growth of some young Boinae (Ophidia) with notes on shedding frequency.* – Vestnik Ceskoslovenske Spolecnosti Zoologicke, **40**(1): 53-63.

Villa, J. & Rivas, A. (1971): *3 Albino Snakes of Nicaragua.* – Revista de Biologica Tropical. **19**(1-2): 159-163.

Vogel, Z. (1968): *Riesenschlangen aus aller Welt.* – Die Neue Brehm Bücherei, A. Ziemsen Verlag, Wittenberg.

Von Duering, M. (1974): *The Radiant Heat Receptor and other Tissue Receptors in the Scales of the Upper Jaw of the Boa constrictor.* – Zeitschrift für Anatomie und Entwicklungsgeschichte, **145**(3): 299-320.

Webb, J.E., Wallwork, J.A. & Elgood, J.H. (1978): *Guide to Living Reptiles.* – Macmillan Press, London, Basingstoke.

Werner, F. (1939): *Über die Lebensweise von Riesenschlangen im Terrarium.* – Zool. Garten, NF **11**: 165-182.

Zweifel, R.G. (1960): *Results of the Puritan-American Museum of Natural History Expedition to Western Mexico.* 9. Herpetology of Tres Marias Islands. – Bull. Amer. Mus. Nat. Hist., **119**(2): 77-128.

Fachwortregister

Aberrant: Abweichend

Abszess: Eiterherd, Eitergeschwür. Eiteransammlung in einem durch Gewebseinschmelzung entstandenen Gewebshohlraum.

Adaption: Anpassung

Adult: Erwachsen

Amöbiasis: Erkranung durch Amöbenbefall (bei Reptilien: Entamoeba invadens).

Anorexie: Appetitlosigkeit

Antibiogramm: Ergebnis einer Resistenzprüfung, die an vom erkrankten Reptil isolierten Erregern durchgeführt wurde und aufzeigt, welches Antibiotikum gegen diese Erreger wirksam ist.

Antibiotikum: Biologischer Wirkstoff, der Bakterien im Wachstum hemmt oder abtötet

Apathie: Teilnahmslosigkeit

Aquatisch: Im Wasser lebend

Artefakt: Künstlich herbeigeführte Veränderung oder Schädigung

Autolyse: „Selbstauflösung" (hier als Leichenerscheinung)

Benign: Gutartig

Biotop: Lebensraum

Degeneration: Durch Krankheiten, Altern oder auch nicht adäquate Haltungsbedingungen verursachter Abbau von Zellen, Organen oder Körperteilen, verbunden mit einer allgemeinen Funktions- und Leistungsminderung der betroffenen Teile.

Ektoparasit: Ein Parasit, der auf der Oberfläche seiner Wirte lebt.

Endoparasit: Ein Parasit, der **in** seinen Wirten lebt.

Endwirt: Wirt, in dem die Geschlechtstiere einer Parasitenform leben.

Enzootie: Tierseuche, die in begrenzten Gebieten Dauerherde besitzt (und immer wieder aufflackern kann).

Exitus: Tod

Faeces: Kot

Fettleber: Abnorme Verfettung der Leberzellen.

Generalisierung: Ausbreitung krankhafter Prozesse (wie bakterieller Infektionen) auf große Teile des Körpers.

Hepatitis: Entzündung der Leber

Irreversibel: Nicht umkehrbar, nicht rückgängig zu machen.

Kachexie: Kräfteverfall, gekennzeichnet durch Abmagerung, meist verbunden mit Lethargie.

Kopula(tion): Geschlechtliche Vereinigung

Latent: Verborgen vorhanden, nicht hervortretend

Malign: Bösartig (meistens im Hinblick auf Tumore gebraucht)

Montan: In Gebirgsgegenden lebend

Multifaktoriell: Krankheitsgeschehen mit mehreren ineinandergreifenden Ursachen

Mykose: Durch pathogene Pilze hervorgerufene Infektion

Myokard: Herzmuskel

Nekrose: Gewebstod (Absterben von Geweben oder Organen)

Nephritis: Nierenentzündung

Nephrose: Chronische degenerative Nierenerkrankung

Oral: Über die Mundöffnung und den Magen-Darm-Kanal aufgenommen

Parasit: Tierischer Organismus, der in oder an einem anderen Tier (= Wirt) lebt und sich auf Kosten des Wirtes ernährt. Sowohl durch Nahrungsentzug als auch durch Abgabe seiner Stoffwechselprodukte kann ein Parasit seinem Wirt Schaden zufügen.

Parasitose: Durch Parasiten hervorgerufene Erkrankung

Pathogen: Krankheitserregend

Pathologisch: Krankhaft

Perikard: Herzbeutel

Physiologisch: Die normalen (nicht krankhaften!) natürlichen Lebensvorgänge betreffend.

Resistent: Ererbte Fähigkeit, gegenüber bestimmten Infektionen, aber auch chemischen Einflüssen (wie Medikamenten) oder physikalischen Einflüssen unempfindlich zu sein.

Sensibilitätsprüfung: Bei Infektionskrankheiten (Bakterieninfektionen, Pilzinfektionen) durchzuführende Überprüfungen zur Erkennung von Resistenzen gegenüber bestimmten Wirkstoffen.

Stomatitis: Mundschleimhautentzündung

Subcutan: Unterhalb der Cutis (= Haut), z. B. unter die Haut injizieren

Trivialinfektion: Schwächeerkrankung, ausgelöst durch nicht primär pathogene Erreger

Tumor: Geschwulst (gut- oder bösartig)

Ubiquitär: Überall verbreitet bzw. vorkommend (z. B. Bakterien)

Urat: Salz der Harnsäure

Virose: Durch Viren verursachte Krankheiten

Viszeral: Die Eingeweide betreffend